| Modeling Dessert Technique Book |

造型甜點
技法BOOK

·日常烘焙玩創意╳初學輕鬆做·

信手拈來皆是創意

認識鴻恩，該從我過去幾年的新書發表會說起，那時的鴻恩還是個靦腆男孩，在我每一次的簽書會上，他總會出現，看得出他的認真及專注……而經過多年的淬鍊，現在的鴻恩，今非昔比，非但是個稱職又受歡迎的老師，而且更是多場國內外大型烘焙比賽中的常勝軍，讓人佩服啊！這次鴻恩更將自己的拿手絕活集結成冊，與讀者們分享，精采盡出，可喜可賀！

這年頭，會做鳳梨酥不稀奇，會烤餅乾也不用大驚小怪；重點是，能讓這些稀鬆平常的甜點大變身，呈現以假亂真的創意造型，那才厲害。看了鴻恩這本書的作品，饒富趣味又兼具創意，每個造型栩栩如生，活靈活現的，難以想像竟是以鳳梨酥、餅乾、蛋黃酥、馬林糖……等作為架構，吸睛的作品讓人忍不住由衷發出讚嘆。還有細膩精緻的巧克力捏花，可愛萌樣的糖偶，所有的獨家創意、完美技法於本書中完整大公開。

整本書有如藝術品般的精緻作品，很難想像是來自於一位魁梧大男生，心細如絲，創意無限，從生活日常的事物到週邊的動物、植物，都能在鴻恩的巧手中，發揮得淋漓盡致。閱讀本書讓人愉悅，圖文並茂，一步一步的做法，輕鬆易學，讓新手也能快速上手。

跟著鴻恩老師的腳步，循著這本《造型甜點技法 BOOK》一書，從依樣畫葫蘆開始，到自己延伸變通，相信創意就在你的股掌間大噴發。可愛手作不管是用於節慶送禮，還是自用欣賞，甚至在 Instagram 上曬個照片與朋友分享，保證讓你成就感十足，嘴角上揚開心得很。

資深烘焙老師

孟兆慶

初次見到鴻恩你很難想像，這個靦腆待人和善、身形碩大的鄰家男孩，竟然能夠做出讓人為之驚喜、充滿粉紅泡泡愛不釋手的烘焙點心，鴻恩製作的烘焙點心不僅外型討人喜歡、口味豐富層次分明之外，每樣作品造型設計都是經過他的巧思與創新研發，這些都要歸功他多年卓越的競賽成果與教學分享經驗。

鴻恩是我在大學執教時的學生，當然，我不是教授烘培的老師，鴻恩也不是我的指導學生，只因個人在餐飲美學與藝術上稍顯敏銳、也在餐飲藝術競賽上略有涉獵，所以鴻恩常常在參加餐飲競賽前、會來請我給他一些建議與修正，於是乎我們就建立起多年來的師生關係，這也讓我後來發覺在鴻恩溫文憨厚的外表下，蘊藏著顆細膩、溫柔、專業又執著的心，曾多次鼓勵他鑽研可愛造型風格的烘焙製作技術，如今，顯而易見的、鴻恩與各位親愛的讀者們分享他的多年烘焙心得與經驗、與各位一起沈浸在這如夢似幻的甜蜜世界中，一起享受這療癒、溫暖又別具心思的獨特手作小點。

糖在菜餚中有平衡襯托鹹味的效果，而甜品就像是繽紛煙火，燦爛絢麗結束與回憶，期待這本書頁頁甜膩您的嘴、篇篇融化您的心。

弘光科技大學餐旅管理系教授

如果你也跟我一樣喜歡動動手作烘焙，好好享受一下美好的時光，我相信這本《造型甜點技法 BOOK》會是你學習及創作的好夥伴

時光飛逝，認識鴻恩老師已十餘年，從小小的造型月餅開始，便認識了這個身材高大，指尖卻是如此細膩的孩子，那時的青澀少年，一轉眼已是為人師表，這些年來看著鴻恩成長，在烘焙這條路上認真的學習，好學的他，經常自我進修，學習不同領域的專業知識與技術，得以精進自我，且常參加國內外大大小小的烘焙競賽，獲獎無數，戰績輝煌！

鴻恩把這些年來一點一滴的經驗，幻化成這本書，主題內容豐富有趣，每個章節都充滿故事性，讓這本食譜不單只是食譜，更是讓你學習創作的補給站，詳細的圖解說明，不會讓讀者看得一頭霧水，很適合新手上路的朋友們

看完這本書，你是否也跟我一樣～想動動手玩創意了呢？趕快捲起袖子，跟著鴻恩老師一起動動手吧！這本烘焙工具書值得我推薦、也值得你擁有！

我把這本《造型甜點技法 BOOK》推薦給各位親愛的讀者們。

快手廚娘

張麗蓉

指尖上的創意，療癒你我的心

　　隨著時代的變遷，人們越來越懂得享受生活，提高自我生活品質，甚至有時會想動動手做些小點心來療癒一下心靈，不知道親愛的讀者們是否覺得，有時做好成品想來點裝飾時，卻又不知如何下手，毫無頭緒呢？其實裝飾不會很困難，只要運用一些簡單的工具加上自己的想像力，人人都可以是設計師。

　　從事烘焙教學好一段時間了，常常在 Facebook 或是 Instagram 上收到學員或是朋友們來信，詢問我如何製作或是裝飾他的成品，有時候對於沒有經驗的初學者或是沒做過這些產品的人來說，還真是雞同鴨講，天方夜譚，吧啦吧啦的講了一堆後，對方依然一頭霧水，我深刻體會到只有文字的敘述沒有圖片的輔助，對於新手來說，真的是難以想像，那時從我腦海中浮現一個念頭，「或許可以寫一本有關造型跟裝飾的書」加上那時剛好出版社的邀約，就在這因緣際會下，這本書便這樣誕生了。

　　《造型甜點技法 BOOK》整本書以造型為出發點，平常會接觸到的小點心，利用手邊容易取得的食材，加上一點創意及手工，讓它搖身一變，成為你療癒心靈的好夥伴，製作過程大部分著重在手工上，搓圓捏扁、幾何圖形的搭配，加上不同的色塊配置，少部分利用模型輔助，創造出許多不同的造型點心，相信即便是初學者也能快速上手。

　　期許這本書能為各位讀者們帶來更多不同的創意，不管是在製做點心上，或是裝飾造型上，都能蹦出更多新的創作靈感。

　　也期待未來能在 Facebook、Instagram 或是其他社群媒體上看到各位可愛的作品，分享給大家欣賞，療癒大家的心。

烘焙技術講師

林鴻恩

林鴻恩

經歷

- PME 皇家糖霜課程受訓結業
- PME 英式糖花課程受訓結業
- 馬來西亞廚藝學院
  拉糖工藝組結業
  巧克力工藝組結業
  西點蛋糕組 - 結業
- 台灣烘焙廚藝交流協會蛋糕裝飾專業課程班結業
- Wilton 蛋糕裝飾擠花班結業
- 財團法人中華穀類食品工業技術研究所麵包全修班受訓結業
- 財團法人中華穀類食品工業技術研究所世界盃亞軍台灣代表隊發表會受訓結業

考取證照

- 烘焙食品麵包、西點蛋糕製作乙級
- 烘焙食品西點蛋糕製作丙級
- 烘焙食品麵包製作丙級

比賽經歷

2018 年
- 台灣廚藝競賽拉糖藝術組銀牌

2016 年
- 新加坡 Gourmet team 團隊賽金牌

2015 年
- sigep 義大利青年西點世界盃（世界第三名）

2014 年
- 廈門市海峽兩岸烘焙師廚藝競賽（金牌）
- FHA 新加坡廚藝爭霸賽糕點展示（藝術麵包）（金牌）
- 永紐安佳盃麵包新秀賽（冠軍）

2013 年
- 廈門市海峽兩岸烘焙師廚藝競賽（金牌）

2012 年
- 維益弘光盃全國大專聖誕節蛋糕裝飾競賽（冠軍）

2011 年
- 維益高餐盃全國大專聖誕節蛋糕裝飾競賽（冠軍）
- 第 41 屆全國技能競賽麵包製作職類（銅牌）

2010 年
- 台中糕餅商業同業公會母親節蛋糕裝飾競賽（金牌）
- 榮獲教育部 98 學年度全國技藝教育績優人員

Table of CONTENTS
目錄

CHAPTER.02 Macaron
夢幻甜心馬卡龍
甜 入 你 心！

CHAPTER.03
Chinese Dessert

懷舊中式小點新創意
療 癒 滿 點 *!*

CHAPTER.04
Western Dessert

人氣西式小點
怦 然 心 動 *!*

CHAPTER.05
Decoration

經典裝飾小物
吸 睛 度 100%

工具材料介紹

| Tools and ingredients |

工具 Tool

電動攪拌器

用於攪拌食材用。

烤盤

烘烤時使用，盛裝材料的器皿。

篩網

過篩粉類時使用，使粉類不結塊。

鋼盆

用於盛裝各式粉類及材料。

單柄鍋

煮糖漿或巧克力時，盛裝材料的器皿。

卡式爐

煮材料時使用的火爐。

切模

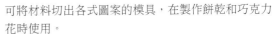

可將材料切出各式圖案的模具，在製作餅乾和巧克力花時使用。

印模

可將材料壓出各式圖案的模具，在製作餅乾和巧克力花時使用。

鳳梨酥模

製作糕點時所需的模具，例如：鳳梨酥。

轉印紙

印有圖案的紙張，可將圖案轉印到巧克力上。

花嘴

將材料擠出所需的形狀時
使用的輔助工具，例如：
蛋白霜、巧克力等。

雕塑工具組

調整造型時使用的輔助工具。

紋理工具

壓出紋路的的輔助工具。

擀麵棍

將材料整形或　平材料時
使用，例如：麵團、塑形
巧克力等。

針車鑽

裝飾時使用，輔助作畫。

鋸齒三角板

在製作巧克力線條曲線時
使用。

秋葉刀

裝飾或刮平材料時使用。
本書主要在製作巧克力裝
飾時使用，以快速刮取巧
克力。

西餐刀

又稱牛刀，製作的鋼材通
常比較硬，所以較為銳利。
在製作巧克力裝飾時使用。

刮刀

攪拌或刮取黏稠類、糊狀
材料時使用。

刮板

刮平麵糊或切割麵糰時使
用，切面較為平整。

擠花袋、三明治袋

盛裝材料時使用，例如：
蛋白霜、巧克力等。

轉接頭

擠花時使用，輔助更換花
嘴。

花釘

擠花時使用，透過花釘的
平面製作擠花。

花座

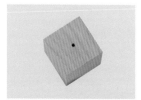

擠花時使用，通常用於擺
放花釘。

油紙

具有不易沾黏的效果，製作擠花時使用，輔助取下擠花成品。

烤焙布

具有不沾黏的效果。

投影片

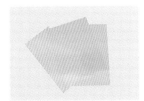

具有可做出光亮面的效果，書中主要在製作製作巧克力裝飾時使用。

塑膠袋

具有不易沾黏的效果，使工作檯保持清潔。

溫度計

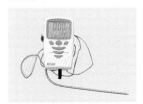

測量溫度時使用。

牙籤

調色時使用。

橡皮筋

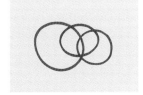

用於綑綁固定材料或工具。

剪刀

將材料切割或剪開時使用，例如：擠花袋、三明治袋等。

🫖 材料 Ingredients

發酵奶油

從天然牛奶中提煉出的油脂。在製作一口酥、餅乾、馬卡龍內餡和鳳梨酥時使用。

吉利丁片

又稱明膠或魚膠，從動物皮、骨提煉出的蛋白質製成。本書主要在製作棉花糖時使用。

水麥芽

又稱水飴，具有甜味。本書主要在製作棉花糖時使用。

柳橙汁

本書主要在製作棉花糖時使用。

葡萄糖

又稱右旋糖，主要在製作馬卡龍內餡時使用。

豬油

從豬皮提煉出的食用油。在製作蛋黃酥的油皮、油酥時使用。

黑、白巧克力

以可可粉或可可脂做為主料的混合型食品。本書主要在製作巧克力裝飾時使用。

粉類

低筋麵粉

由小麥類磨成的粉末，蛋白質含量較低，容易結塊，相較中筋麵粉和高筋麵粉，顏色偏白。在製作餅乾時使用。

中筋麵粉

由小麥類磨成的粉末，顏色介於低筋麵粉和高筋麵粉。在製作蛋黃酥時使用。

高筋麵粉

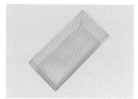

由小麥類磨成的粉末，蛋白質含量較高，較為乾燥，筋度較強，相較低筋麵粉和中筋麵粉，顏色偏黃。在製作一口酥時使用。

鹽

添加鹹味的調味料。本書主要在製作一口酥時使用。

杏仁粉

黃褐色粉末，本書主要在製作馬卡龍時使用。

奶粉

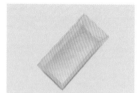

從牛奶乾燥而成的粉末，本書主要在製作餅乾、一口酥和鳳梨酥時使用，以增添風味。

玉米粉

又稱玉米澱粉，凝固材料時使用。熟玉米粉可防止沾黏，本書主要在製作馬林糖和棉花糖時使用。

竹碳粉

調色時使用。

糖類

砂糖

又稱特砂，添加甜味時使用。本書主要在製作馬林糖和棉花糖時使用。

糖粉

具有甜味，相較砂糖，顆粒更細小的純白色粉末。一般市售糖粉會添加少量玉米澱粉，以達到防潮、防結粒的效果

純糖粉

純糖粉為未添加玉米澱粉的糖，磨製而成的白色粉末。本書主要在製作馬卡龍時使用。

CHAPTER
01

＼ 萌心限定！／

Q萌造型餅乾

Biscuits

餅乾前置製作

Biscuits Preparation

01 | 麵團製作

材料及工具 Ingredients & Tools

• 食材
　① 低筋麵粉 300 克
　② 糖粉 100 克
　③ 奶粉 45 克
　④ 發酵奶油 127 克
　⑤ 全蛋 75 克

• 器具
　電動攪拌機、刮刀、篩網

步驟說明 Step By Step

01

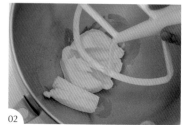
02

03

04

01 取發酵奶油倒入攪拌缸中。

02 將發酵奶油放在室溫下軟化。（註：手指或槳狀拌打器可下壓之軟硬度。）

03 以低速打散發酵奶油。

04 將糖粉倒入篩網中，並將糖粉篩在紙上。

05 重複步驟 4，持續將糖粉過篩。（註：過篩時可用手指按壓結塊或顆粒較大的糖粉。）

06 如圖，糖粉過篩完成。

07 將過篩的糖粉倒入攪拌缸中。

08 如圖，糖粉添加完成。

麵團製作
影片 QRcode

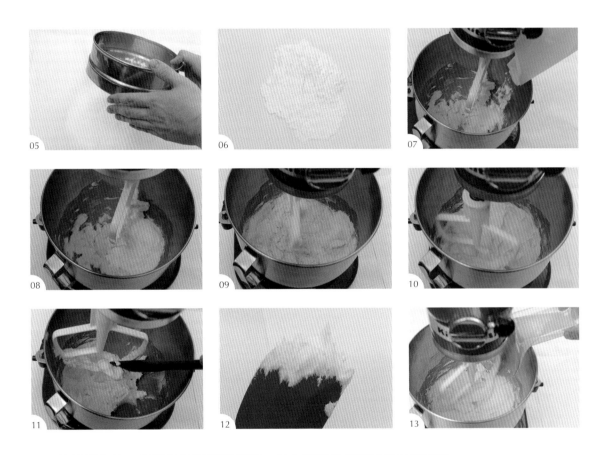

09　糖粉倒入後，再將電動攪拌機打開，以中低速攪拌發酵奶油與糖粉。

10　重複步驟9，攪拌至發酵奶油與糖粉打發。

11　承步驟10，打至發酵奶油差不多膨發後，關閉電動攪拌機，並以刮刀刮起少量發酵奶油，以確認發酵奶油狀態。

12　如圖，發酵奶油打發完成，須打至發酵奶油表面蓬鬆，且不會滴下。

13　將電動攪拌機開啟，並加入 1/3 的蛋液。

14　承步驟 13，繼續攪拌發酵奶油與蛋液。

15　攪拌至蛋液與發酵奶油混合後，以刮刀將攪拌缸兩側發酵奶油糊刮下。

16　重複步驟 13-15，將剩下的蛋液分兩次倒進攪拌缸中，攪拌均勻。

17　將低筋麵粉倒入篩網中。

18　如圖，低筋麵粉倒入完成。

19　將奶粉倒入篩網中。

20　如圖，奶粉倒入完成。

21　將麵粉與奶粉篩在紙上。

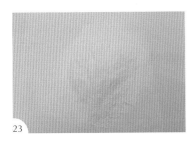
23

24

25

26

27

22 重複步驟 21，持續將麵粉與奶粉過篩。（註：過篩時可用手指按壓結塊或顆粒較大的麵粉或奶粉。）

23 如圖，麵粉與奶粉過篩完成。

24 暫停電動攪拌機，並將過篩後的麵粉與奶粉倒入攪拌缸中。

25 如圖，麵粉與奶粉倒入完成。

26 最後，將電動攪拌機打開，以低速先將粉類稍微打勻後，轉中低速打成團即可。

27 如圖，麵團完成。

Tips

◆ 發酵奶油須室溫回軟、請勿融化。

◆ 雞蛋分次加入，避免油水分離。

◆ 染色可依喜好調整濃淡，建議少量添加，覺得不夠深再增加用量。

◆ 色膏亦可使用色粉或是蔬菜粉替代（如：甜菜根粉、南瓜粉、紫薯粉）。

◆ 烘烤時須注意色澤，避免過度上色，餅乾按壓有紮實感即可。

02 │ 調色方法

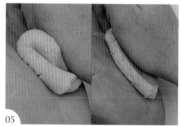

01　以牙籤沾取少量色膏。

02　將色膏沾在麵團上。

03　將麵團與色膏揉合。

04　重複步驟 3，持續揉捏麵團，直到麵團上色。

05　最後，將麵團對折並以手掌壓扁，使顏色更均勻即可。

06　如圖，麵團調色完成。

調色 Tinting

原色　　咖啡色　　黑色　　紫色　　藍色　　綠色　　黃色　　橘色　　紅色

媽媽的化妝品

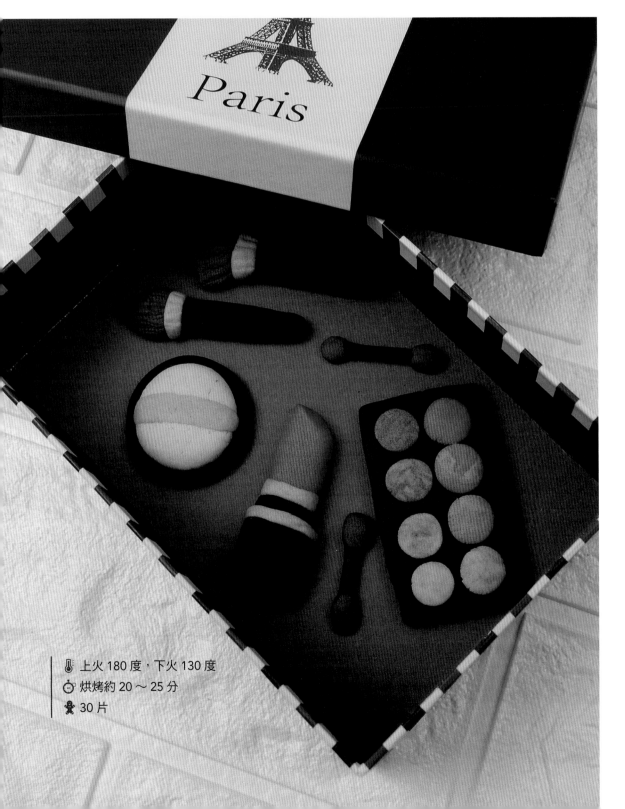

🌡 上火 180 度，下火 130 度

⏱ 烘烤約 20～25 分

🍪 30 片

腮紅刷

材料 & 工具
Materials & Tools

顏色
Color
黑色、咖啡色、原色

器具
Appliance
雕塑工具組、塑膠袋或保鮮膜（墊底用）

步驟說明
Step By Step

01 取黑色麵團，用手掌搓成長條形。

02 如圖，刷柄完成。（註：刷柄頭至刷柄尾須由粗變細。）

03 取咖啡色麵團，用指腹搓成水滴形。

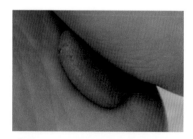

04 用手掌將水滴形麵團輕壓扁。

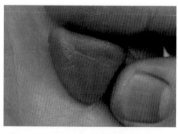

05 承步驟 4，用指腹將水滴形麵團邊緣捏成扇形，為刷毛。

06 將刷毛放在刷柄頭上方，並用指腹按壓黏合。

07 以雕塑工具在左側刷毛輕壓線條。

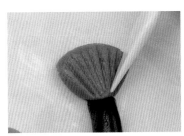

08 重複步驟 7，將刷毛由左至右依序壓出線條，以呈現層次感。

09 以雕塑工具順著壓線前端，將麵團往內壓。

10 重複步驟 9，依序將刷毛頂端的麵團往內壓，呈現波浪狀。

11 如圖，腮紅刷主體完成。

12 將黑色麵團與原色麵團混合，為灰色麵團。（註：比例約為 1：3。）

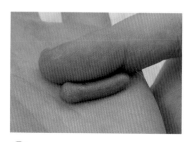  

13 用手掌將灰色麵團搓成長
條形。

14 將灰色長條形麵團用手掌
壓扁。

15 將灰色長扁形麵團橫放在
刷柄頭上方,並用指腹按
壓固定,為刷柄裝飾。

16 承步驟 15,以雕塑工具將
左側過多的麵團切除。

17 重複步驟 16,完成右側麵
團切除。

18 以雕塑工具在刷柄裝飾上
輕壓出直線。

19 重複步驟 18,將刷柄裝飾
依序壓出直線。

20 最後,將腮紅刷放上烤盤
即可。

眼影棒

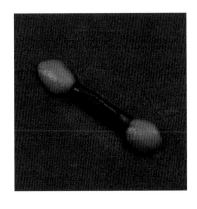

材料&工具
Materials Tools

顏色　咖啡色、黑色
Color

步驟說明
Step By Step

01 用指腹將黑色麵團搓成長條形，為眼影棒主體。

02 用指腹將咖啡色麵團搓成圓形。

03 用指腹將咖啡色圓形麵團輕壓扁，為眼影棒頭。

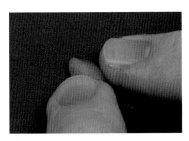

04 將壓扁的麵團放在眼影棒主體上端，並用手指輕壓固定。

05 如圖，眼影棒頭與主體黏合完成。

06 最後，重複步驟3-5，完成下側眼影棒頭，並放上烤盤即可。

眼影盤

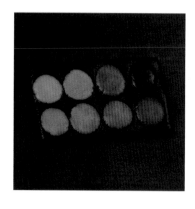

材料&工具
Materials Tools

顏色 原色、紅色、黑色、紫色
Color

器具 擀麵棍、刮板、塑膠袋或保鮮膜(墊底用)
Appliance

步驟說明
Step By Step

01 先用手將黑色麵團壓扁後,放入塑膠袋中,並以擀麵棍將麵團擀平。

02 以刮板將黑色麵團切成長方形,為眼影底盤。

03 用指腹將紅色麵團搓成圓形,為紅色眼影。

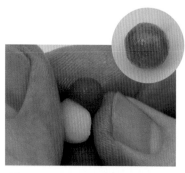

04 將紅色圓形麵團與原色麵團混合,為淺紅色眼影。

05 將淺紅色麵團與原色麵團混合,為粉色眼影。

06 將粉色麵團與原色麵團混合,為淺粉色眼影。

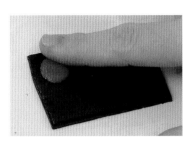

07 將紅色眼影放在眼影底盤的左上角，並用指腹將眼影壓平在底盤上。

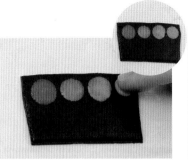

08 重複步驟 7，由左至右依序將淺紅色眼影、粉色眼影與淺粉色眼影壓平在底盤上，即完成第一排眼影。

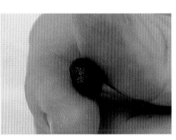

09 用指腹將紫色麵團搓成圓形，為紫色眼影。

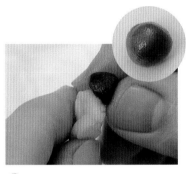

10 將紫色圓形麵團與原色麵團混合，為藕色眼影。

11 將藕色麵團與原色麵團混合，為淺藕色眼影。

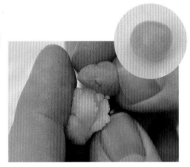

12 將淺藕色麵團與原色麵團混合，為膚色眼影。

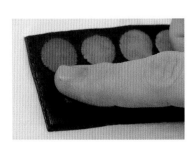

13 將紫色眼影放在眼影底盤的左下角，並用指腹將眼影壓平在底盤上。

14 重複步驟 13，由左至右依序將藕色眼影、淺藕色眼影與膚色眼影壓平在底盤上。

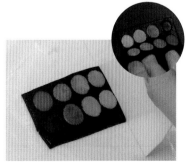

15 最後，以刮板切齊眼影盤邊緣，並放上烤盤即可。

粉餅

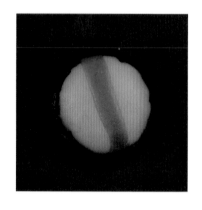

材料 & 工具
Materials & Tools

🎨 **顏色** Color　原色、黑色

🔧 **器具** Appliance　雕塑工具組、圓形切模、塑膠袋或保鮮膜（墊底用）

步驟說明
Step By Step

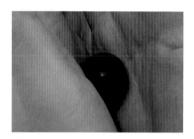

01 將黑色麵團搓圓。

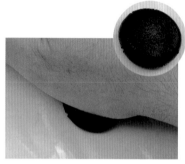

02 用掌心將黑色圓形麵團壓成圓扁狀。

03 以圓形切模壓出圓形麵團。

04 如圖，粉餅底部完成。

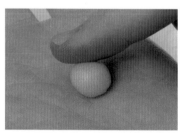

05 用指腹將原色麵團搓成圓形。

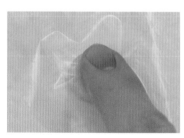

06 將原色圓形麵團放入塑膠袋中，並用指腹將原色麵團輕壓扁，即為粉撲。

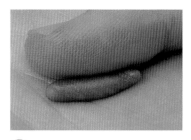

07 用指腹將灰色麵團搓成長條形。（註：灰色須以原色加黑色麵團調色，可參考 P.31 步驟 9。）

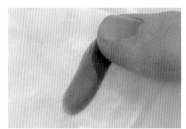

08 將灰色圓形麵團放入塑膠袋中，並用指腹將灰色麵團輕壓扁。

09 以雕塑工具將灰色麵團切成長條狀。

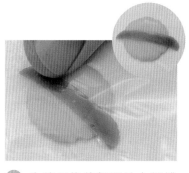

10 先將長條狀麵團放在粉撲中央，再蓋上塑膠袋後，用指腹輕壓固定。

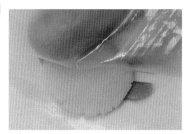

11 將粉撲翻面，並將背面的塑膠袋掀開。

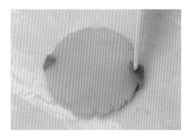

12 以雕塑工具將粉撲兩側過長的長條狀麵團往內摺。

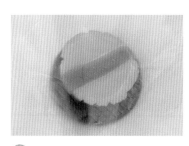

13 將粉撲放上粉餅底部，並覆蓋塑膠袋。

14 用指腹緊壓粉餅周圍的塑膠袋，使粉撲與底部黏合。

15 最後，用指腹調整粉撲形狀後，放上烤盤即可。

口紅

材料 & 工具
Materials Tools

顏色 Color　紅色、黑色、原色

器具 Appliance　雕塑工具組、塑膠袋或保鮮膜（墊底用）

步驟說明
Step By Step

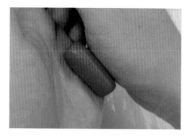

01 取紅色麵團，並用手掌將麵團搓成圓柱形。（註：高度約為 3 公分。）

02 以雕塑工具由左下往右上斜切圓柱形麵團，為口紅主體。

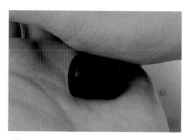

03 取黑色麵團，並用手掌將麵團搓成圓柱形。（註：高度約為 2 公分。）

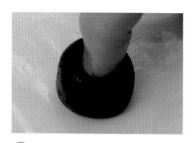

04 用指腹按壓圓柱形麵團表面至凹陷。

05 重複步驟 4，持續按壓中央的凹陷處，並整形成杯子形狀。

06 如圖，口紅殼完成。

07 將口紅主體放入口紅殼中，並用指腹輕推固定。

08 如圖，口紅主體組裝完成。

09 用指腹將黑色麵團搓成長條形。

10 承步驟9，將黑色長條形麵團放在口紅殼上，並用指腹輕壓固定。

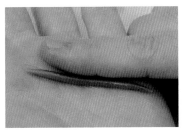

11 用指腹將灰色麵團搓成長條形。（註：灰色須以原色加黑色麵團調色，可參考P.31步驟9。）

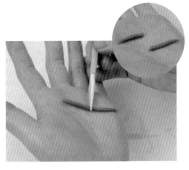

12 以雕塑工具將灰色長條形麵團切成兩段。

13 將灰色長條形麵團放在口紅側邊，並用指腹輕壓固定。

14 取另一段灰色長條形麵團放在口紅殼接縫處上，並用指腹輕壓固定，即完成口紅。

15 最後，將口紅放上烤盤即可。

唇刷

材料 & 工具
Materials & Tools

顏色
Color　黑色、咖啡色、原色

器具
Appliance　雕塑工具組、塑膠袋或保鮮膜（墊底用）

步驟說明
Step By Step

01 取黑色麵團，以手掌搓成長條形。

02 如圖，長條形搓揉完成，為刷柄。（註：刷柄頭至刷柄尾須由粗變細。）

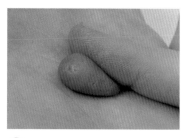

03 取咖啡色麵團，用指腹搓成水滴形，為刷毛。

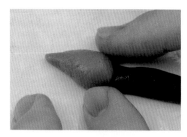

04 將刷毛放在刷柄頭上方，並用指腹按壓黏合。

05 如圖，唇刷主體完成。

06 以雕塑工具在刷毛中間輕壓出直線。

07 重複步驟 6，依序在刷毛上壓出直線，以製造出立體感。

08 如圖，刷毛製作完成。

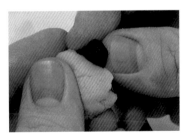

09 將黑色麵團與原色麵團混合，為灰色麵團。（註：比例約為 1：3。）

10 用指腹將灰色麵團搓成長條形。

11 將灰色長條形麵團用手掌輕壓扁。

12 將灰色圓扁形麵團放在刷柄上端，並用手指按壓固定，為刷柄裝飾。

13 以雕塑工具在刷柄裝飾上輕壓出直線。

14 重複步驟 13，依序在刷柄裝飾上壓出直線。

15 最後，將唇刷放上烤盤即可。

爸爸上班去

🌡 上火 180 度，下火 130 度

🕐 烘烤約 20 ～ 25 分

👥 30 片

書

材料 & 工具
Materials & Tools

顏色
Color
原色、藍色

器具
Appliance
雕塑工具組、刮板、擀麵棍、塑膠袋或保鮮膜（墊底用）

步驟說明
Step By Step

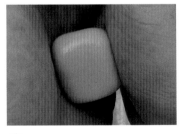

01 取原色麵團，用手掌搓成長方形。

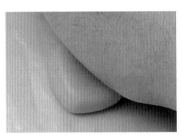

02 用手掌將長方形麵團輕壓扁。（註：麵團側面須留有厚度。）

03 以刮板將麵團下方切平。

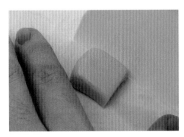

04 重複步驟3，將麵團剩下三邊切平。

05 如圖，書頁完成。

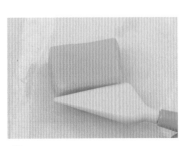

06 以雕塑工具在書頁側邊輕壓出直線。

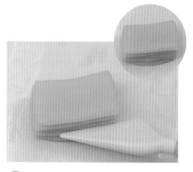

07 重複步驟 6，以雕塑工具依序由上至下壓出直線，以製造出書的紙張感。

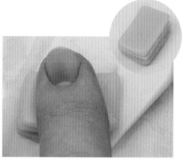

08 重複步驟 6-7，將兩個短邊依序壓出直線，為書頁。

09 取藍色麵團，並用手掌壓扁。

10 將藍色麵團放入塑膠袋中，並以擀麵棍將麵團擀平。

11 將書頁放在藍色麵團中間，並以雕塑工具順著書頁長度，切出書皮上方的高度。

12 重複步驟 11，切出下方書皮的位置。

13 以雕塑工具將切痕外的麵團切除。

14 重複步驟 13，依序切除多餘麵團。

15 如圖，書皮完成。

⑯ 以雕塑工具將書皮左側切平。

⑰ 將書頁放在書皮左側。

⑱ 以塑膠袋為輔助,將書皮覆蓋至書頁上。

⑲ 以雕塑工具將過多的書皮切除。

⑳ 以雕塑工具在靠近書背處輕壓出摺痕。

㉑ 將書翻面,重複步驟 20,將書皮壓出摺痕。

㉒ 如圖,摺痕完成。

㉓ 最後,將書放上烤盤即可。

菸斗

材料 & 工具 Materials Tools

顏色 Color　咖啡色、黃色

器具 Appliance　雕塑工具組、塑膠袋或保鮮膜（墊底用）

步驟說明 Step By Step

01 取咖啡色麵團，用手掌搓成水滴形。

02 用指腹將咖啡色水滴形麵團上方輕壓扁，為煙斗斗缽。

03 承步驟2，將麵團前端彎成S形，為菸管。

04 用指腹調整菸管的形狀。

05 如圖，菸斗主體完成。

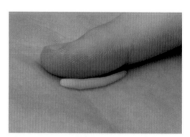

06 取黃色麵團，用指腹搓成長條形。

07 將黃色長條形麵團放在斗
缽上，並用指腹輕壓固定。

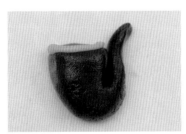

08 如圖，菸斗裝飾完成。

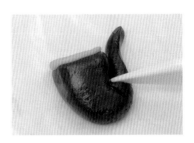

09 以雕塑工具在菸管下方輕
壓出紋路。

10 如圖，紋路完成。

11 最後，將菸斗放上烤盤即
可。

公事包

材料 & 工具
Materials Tools

顏色
Color
黃色、咖啡色

器具
Appliance
雕塑工具組、擀麵棍、刮板、塑膠袋或保鮮膜（墊底用）

步驟說明
Step By Step

01 取咖啡色麵團，用手掌將麵團搓成圓形。

02 用手掌將咖啡色圓形麵團輕壓扁。

03 將咖啡色圓扁形麵團放入塑膠袋中，並以擀麵棍將麵團擀平。

04 以刮板將麵團切成長方形，即完成公事包主體。

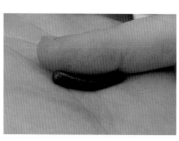

05 用指腹將咖啡色麵團搓成長條形。

06 用指腹將咖啡色長條形麵團對折。

07 用指腹將已對折麵團彎曲成拱形。

08 以雕塑工具為輔助,將拱形麵團放在公事包主體上側,再用指腹輕壓固定,即完成提把。

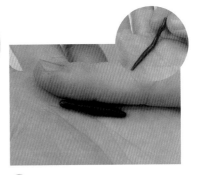

09 用指腹將咖啡色麵團搓成長條形。

10 將咖啡色長條形麵團以 U 形放在公事包主體上,並用指腹輕壓兩端固定,即完成蓋頭。

11 取黃色麵團,用指腹搓成圓形。

12 將黃色圓形麵團放在蓋頭中間,並用指腹按壓固定,為包包扣子。

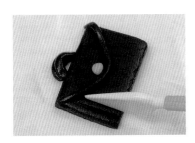

13 以雕塑工具在蓋頭下方輕壓出直線。

14 重複步驟 13,依序在公事包主體上壓出直線,即完成公事包。

15 最後,將公事包放上烤盤即可。

鋼筆

材料 & 工具
Materials & Tools

顏色 Color　藍色、黃色、原色、黑色

器具 Appliance　雕塑工具組、塑膠袋或保鮮膜（墊底用）

步驟說明 Step By Step

01 取藍色麵團 a1，用手掌搓成圓柱形 a1。

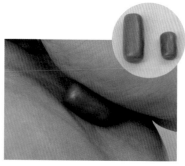

02 重複步驟 1，取藍色麵團 a2，將麵團搓成圓柱形 a2。（註：麵團 a1 與 a2 的大小比例約為 2：1。）

03 將藍色麵團 a1 與藍色麵團 a2 黏合，並用指腹輕壓固定，即完成鋼筆筆身。

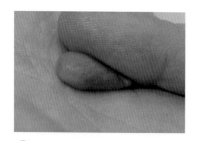

04 取灰色麵團，用指腹將麵團搓成水滴形，為筆頭。（註：灰色須以原色加黑色麵團調色，可參考 P.31 步驟 9。）

05 以雕塑工具將筆頭前端切開，以製作筆尖。（註：切痕長度約為水滴形麵團的一半。）

06 如圖，筆尖完成。

07 用指腹將筆尖往上彎起，呈鉤形。

08 重複步驟 7，完成兩端筆尖鉤形製作。

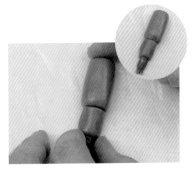

09 將筆頭放在筆身下方，並用指腹輕壓固定。

10 取黃色麵團，用指腹將麵團搓成長條形。

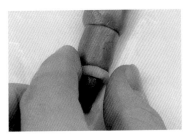

11 將黃色長條形麵團放在筆頭上方，並用指腹按壓固定，為裝飾。

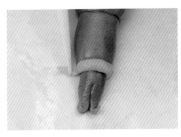

12 以雕塑工具將裝飾兩側過長的黃色麵團切除。

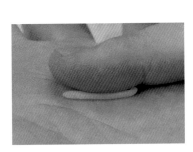

13 用指腹將黃色麵團搓成長條形，為筆夾。

14 用指腹將筆夾放在鋼筆筆身右側，並按壓固定。

15 最後，將鋼筆放上烤盤即可。

咖啡杯

材料 & 工具

顏色
Color　原色、咖啡色

器具
Appliance　雕塑工具組、塑膠袋或保鮮膜（墊底用）

步驟說明
Step By Step

01 取原色麵團，用手掌搓成橢圓形。

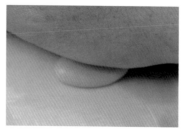

02 用手掌將原色橢圓形麵團壓扁，即完成盤子。

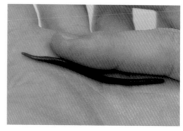

03 取咖啡色麵團，並用指腹將麵團搓成長條形。

04 將咖啡色長條形麵團順著盤形，放在盤子內側，並用指腹按壓固定。

05 如圖，盤子裝飾完成。（註：不須刻意接合，後續杯子會蓋住未接合點。）

06 用指腹將原色麵團搓成圓形。

07 用指腹將麵團捏成半圓形，為杯子。

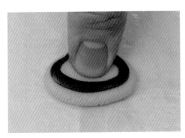

08 用拇指指腹按壓杯子接合處。

09 將杯子放上盤子凹陷處，並用指腹按壓固定。

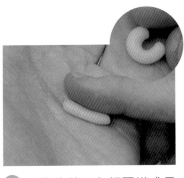

10 用指腹將原色麵團搓成長條形後，將麵團彎曲呈拱形。

11 將原色拱形麵團放在杯子右側，並用指腹按壓固定，為握把。

12 以雕塑工具調整握把間的縫隙，使縫隙處更明顯。

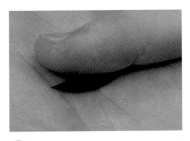

13 用指腹將咖啡色麵團搓成長橢圓形。（註：兩端較中間細。）

14 將咖啡色長橢圓形麵團放在杯子上方，並按壓固定，為咖啡液。

15 最後，將咖啡杯放上烤盤即可。

我的小廚房

🌡 上火 180 度，下火 130 度

⏱ 烘烤約 20 ～ 25 分

🍪 25 片

砧板

材料&工具
Materials Tools

顏色
Color　咖啡色、綠色、原色、紅色、黃色

器具
Appliance　雕塑工具組、刮板、擀麵棍、塑膠袋或保鮮
膜（墊底用）

步驟說明 Step
Step By

01 取咖啡色麵團，用手掌將
麵團壓扁。

02 將咖啡色麵團放入塑膠袋
中，並以擀麵棍將麵團擀
平。

03 以刮板將咖啡色麵團切成
長方形，為砧板。

04 以雕塑工具在砧板上壓出
長條形紋路，為木紋。

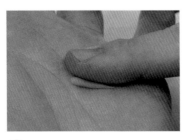

05 取綠色麵團，用指腹將麵
團搓成水滴形，為蔥葉。

06 將蔥葉尖端朝左放在砧板
上，並用指腹輕壓固定。

07 重複步驟 5-6，共製作四條蔥葉，並交疊擺放，使作品更自然。

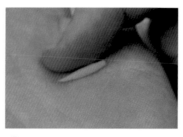

08 取原色麵團，用指腹將麵團搓成水滴形，為蔥白。

09 將蔥白尖端朝左與蔥葉尾端交疊，再用指腹輕壓固定。

10 重複步驟 8-9，共製作三根蔥白，並交疊擺放。

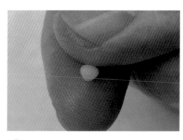

11 用指腹將原色麵團搓成圓形，為大蒜。

12 將大蒜放在青蔥下方，並用指腹輕壓固定。

13 重複步驟 11-12，共製作七顆大蒜，並依序擺放。

14 取紅色麵團，用指腹將麵團搓成圓形並壓扁，為番茄片。

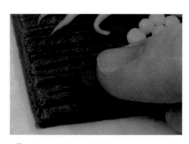

15 將番茄片放在砧板左下方，並用指腹輕壓固定。

16 重複步驟 14-15，共完成三片番茄片並斜堆在砧板上。

17 以雕塑工具為輔助，取少量黃色麵團放在番茄片表面，為番茄籽。

18 用指腹將紅色麵團揉捏成半圓形，為番茄切半的平面，半圓的番茄能與番茄片做區別。

19 將 1/2 塊番茄放在番茄片側邊，並用指腹輕壓固定。

20 重複步驟 17，在番茄切面上加上番茄籽。

21 以雕塑工具為輔助，取少量綠色麵團放在切半番茄的頂端，為綠葉。

22 重複步驟 21，依序擺放綠葉。

23 如圖，砧板完成。

24 最後，將砧板放上烤盤即可。

平底鍋

步驟說明 Step By Step

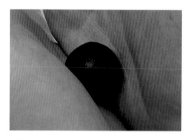

01 取黑色麵團，用手掌將麵團搓成圓形。

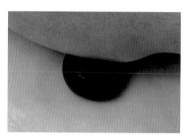

02 用手掌將黑色圓形麵團輕壓扁。（註：厚度約 0.5 ～ 0.7 公分以上。）

03 用指腹輕壓黑色圓扁形麵團中間，即完成平底鍋。

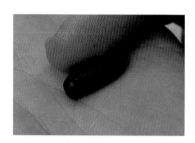

04 取咖啡色麵團，用指腹將麵團搓成長柱形，為鍋柄。

05 將鍋柄放在平底鍋右側，並用指腹輕壓固定。

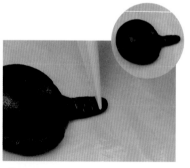

06 以雕塑工具在鍋柄上壓出紋路，即完成平底鍋主體。

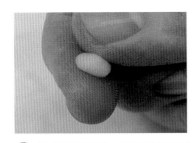

07 取原色麵團，用指腹將麵團搓成橢圓形。

08 承步驟 7，先將麵團放進平底鍋，再用指腹壓扁固定，為蛋白。

09 取黃色麵團，用指腹將麵團搓成圓形，為蛋黃。

10 將蛋黃放在蛋白中央，並用指腹輕壓固定，即完成荷包蛋。

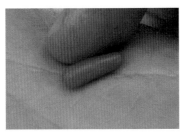

11 取紅色麵團，用指腹將麵團搓成長條形，為香腸。

12 用指腹將香腸彎成拱形。

13 承步驟 12，將香腸放進平底鍋。

14 重複步驟 11-13，共完成三條香腸。

15 最後，將平底鍋放上烤盤即可。

菜刀

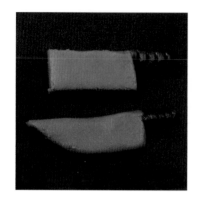

材料&工具
Materials & Tools

顏色
Color
咖啡色、原色、黑色

器具
Appliance
雕塑工具組、擀麵棍、刮板、塑膠袋或保鮮膜（墊底用）

步驟說明
Step By Step

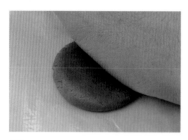

01 取灰色麵團，用手掌將麵團壓扁。（註：灰色須以原色加黑色麵團調色，可參考 P.31 步驟 9。）

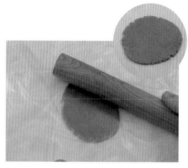

02 將灰色麵團放入塑膠袋中，並以擀麵棍將麵團擀平。

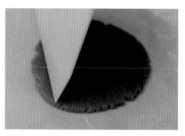

03 以刮板將左側麵團切平。

04 重複步驟 3，將右側切平，再將灰色麵團切成麵團 a、b。

05 承步驟 4，以刮板平切麵團 a、b 上方。

06 以刮板將麵團 b 切成一個梯形，為刀面 b。

07 以刮板將麵團 a 切成一個長方形，為刀面 a。

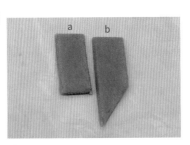

08 如圖，刀面完成。

09 用指腹將咖啡色麵團搓成長條形後，接在刀面 b 的右側，並用指腹輕壓固定，即完成刀柄。

10 以刮刀在刀柄上輕壓出紋路。

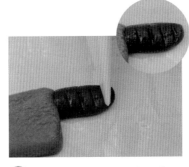

11 重複步驟 10，繼續壓出紋路。

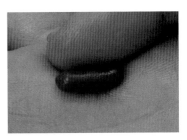

12 重複步驟 9，用指腹將咖啡色麵團搓成長條形，為第二支刀柄。

13 重複步驟 9，將刀柄接在刀面 a 的右側，並用指腹輕壓固定。

14 重複步驟 10-11，以雕塑工具在刀柄上輕壓出紋路。

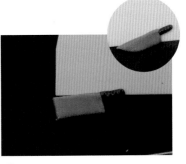

15 最後，將兩把菜刀放上烤盤即可。

紅帽與大野狼

上火 180 度・下火 130 度
烘烤約 20 ～ 25 分
10 片

小紅帽

材料 & 工具
Materials Tools

顏色 Color　原色、咖啡色、黑色、紅色

器具 Appliance　雕塑工具組、擀麵棍、餅乾切模、圓形切模、塑膠袋或保鮮膜（墊底用）

步驟說明 Step By Step

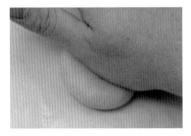

01 取原色麵團，用手掌將麵團壓扁。

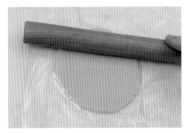

02 將原色麵團放入塑膠袋中，並以擀麵棍將麵團擀平。

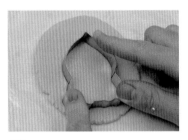

03 將餅乾切模壓放在麵團上。

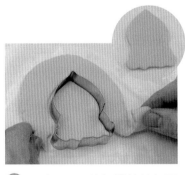

04 承步驟3，將切模外的麵團去除後，拿起餅乾切模，即完成小紅帽主體。

05 取紅色麵團，重複步驟1-2，將麵團擀平。

06 將餅乾切模壓放在麵團上。（註：壓模位置到身體部分即可。）

07 承步驟 6，將切模外的麵團去除後，拿起餅乾切模。

08 以雕塑工具將頭與身體以弧線切開。

09 將圓形切模壓放在麵團上並往下壓。

10 先將圓形切模拿起，再以雕塑工具取出中間的圓形麵團，為帽子。

11 將帽子放在小紅帽的頭部後，再覆蓋塑膠袋，用指腹按壓黏合。

12 承步驟 11，掀開塑膠袋後，再用指腹按壓調整、固定，即完成帽子。

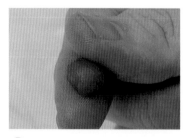

13 用指腹將紅色麵團搓成圓形。

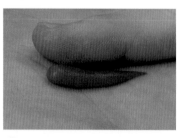

14 承步驟 13，用指腹將麵團搓成水滴形，為衣領。

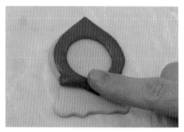

15 將衣領尖端朝內，放在帽子左側，並用指腹輕壓固定。

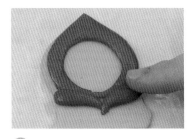

16 重複步驟 13-15，完成右側衣領。

17 取原色麵團，用指腹將麵團搓成水滴形，為手部。

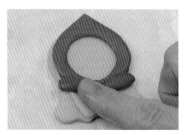

18 將手部尖端朝上，放在衣領左下方，並用指腹輕壓固定，為左手。

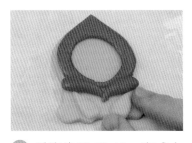

19 重複步驟 17-18，完成右手。

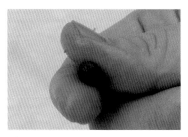

20 取咖啡色麵團，用指腹將麵團搓成圓形。

21 承步驟 20，用指腹將麵團搓成橢圓形，為鞋底。

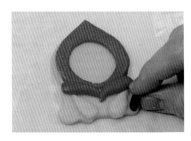

22 將鞋底放在右手側邊，並用指腹輕壓固定，即完成右側鞋底。

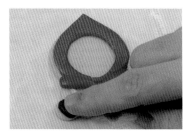

23 重複步驟 20-22，完成左側鞋底。

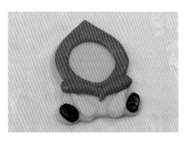

24 重複步驟 20，先完成兩個咖啡色圓形麵團後，放在鞋底上，即完成鞋跟。

25 用指腹將咖啡色麵團搓成圓形，為鈕扣 a1。

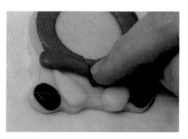

26 將鈕扣 a1 放在衣領間，並用指腹輕壓固定。

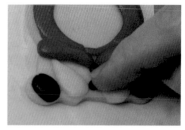

27 重複步驟 25-26，完成鈕扣 a2 後，放在鈕扣 a1 下方。

28 如圖，鈕扣擺放完成。

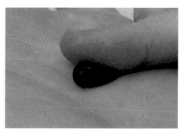

29 用指腹將咖啡色麵團搓成水滴形，為瀏海。

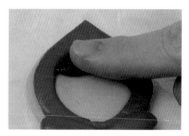

30 將瀏海放在臉部左上側，並用指腹輕壓扁固定。

31 重複步驟 29-30，完成右側瀏海。

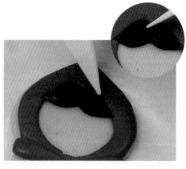

32 以雕塑工具將兩側瀏海壓出紋路。

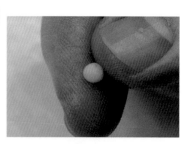

33 用指腹將原色麵團搓成圓形，為鼻子。

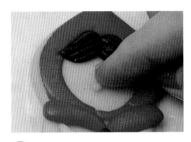

34 將鼻子放在臉部中間,並
用指腹輕壓固定。

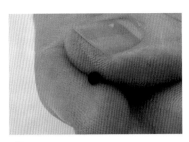

35 取黑色麵團,用指腹將麵
團搓成圓形,為眼睛。

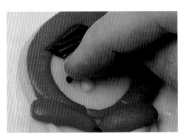

36 將眼睛放在鼻子左側,並
用指腹輕壓固定,為左眼。

37 重複步驟 35-36,完成右
眼。

38 如圖,眼睛完成。

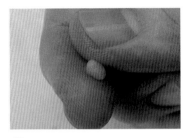

39 取粉紅色麵團,用指腹將
麵團搓成橢圓形,為腮紅。
(註:粉紅色麵團須以原
色加紅色麵團調色,可參考
P.66 步驟 23-24。)

40 將腮紅放在左眼下側,並
用指腹輕壓固定。

41 重複步驟 39-40,完成右側
腮紅。

42 最後,將小紅帽放上烤盤
即可。

大野狼

材料&工具 Materials Tools

顏色 Color　原色、黑色、紅色

器具 Appliance　雕塑工具組、擀麵棍、餅乾切模、塑膠袋或保鮮膜（墊底用）

步驟說明 Step By Step

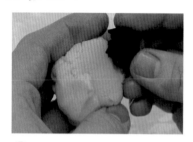

01 取黑色麵團與原色麵團。（註：混合比例約為1：5。）

02 將黑色麵團與原色麵團混合，為灰色麵團。

03 用手掌將灰色麵團壓扁。

04 將灰色麵團放入塑膠袋中，並以擀麵棍將麵團擀平。

05 將餅乾切模壓放在麵團上。

06 承步驟5，將切模外的麵團去除後，拿起餅乾切模。

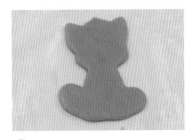

07 如圖，野狼主體完成。

08 用指腹將灰色麵團搓成水滴形，為手部。

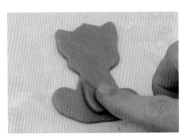

09 將手部尖端朝上，放在身體左側，並用指腹壓扁固定，為左手。

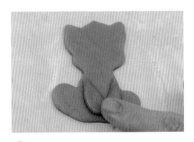

10 重複步驟 8-9，完成右手。

11 以雕塑工具在左手壓出兩道爪子紋路。

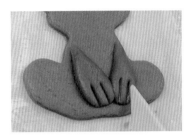

12 重複步驟 11，完成右手紋路。

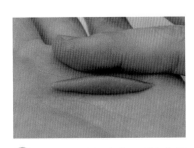

13 用指腹將灰色麵團搓成長橢圓形。（註：兩端較中間細。）

14 承步驟 13，將灰色長橢圓形麵團對折，為腿。

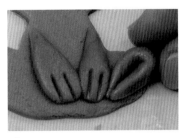

15 將腿放在右手側邊，並用指腹輕壓固定。

16 用指腹將灰色麵團搓成水滴形，為尾巴。

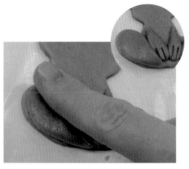
17 將尾巴放在左手側邊，並用指腹輕壓固定。

18 以雕塑工具在尾巴上壓出紋路。

19 用指腹將灰色麵團搓成水滴形。

20 承步驟 19，用指腹將水滴形麵團微壓扁，為毛髮。

21 將毛髮尖端朝內，放在頭部上方，並用指腹輕壓固定。

22 重複步驟 19-21，完成毛髮製作。

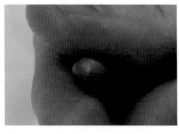
23 用指腹將灰色麵團搓成圓形，為吻部。

24 將吻部放在臉部中間，並用指腹輕壓扁固定。

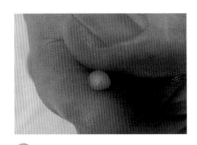

25 取粉紅色麵團，用指腹將麵團搓成圓形，為腮紅。（註：粉紅色麵團須以原色加紅色麵團調色，可參考P.66 步驟 23-24。）

26 將腮紅放在吻部左側，並用指腹輕壓扁固定。

27 重複步驟 25-26，完成右側腮紅。

28 如圖，腮紅完成。

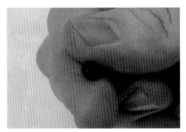

29 取黑色麵團，用指腹將麵團搓成圓形，為鼻頭。

30 將鼻頭放在吻部頂端，並用指腹輕壓固定。

31 如圖，鼻頭擺放完成。

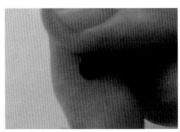

32 用指腹將黑色麵團搓成圓形，為眼睛。

33 將眼睛放在腮紅上側，並用指腹輕壓固定，為左眼。

34 重複步驟 32-33，完成右眼。

35 如圖，眼睛完成。

36 以雕塑工具在左耳壓出紋路。

37 如圖，左耳紋路完成。

38 重複步驟 36-37，完成右耳紋路。

39 以雕塑工具在兩手中間壓出紋路。

40 如圖，大野狼完成。

41 最後，將大野狼放上烤盤即可。

歡樂柴犬

🌡 上火 180 度，下火 130 度
⏱ 烘烤約 20～25 分
👤 20 片

柴犬哥哥

材料 & 工具
Materials Tools

顏色
Color
原色、咖啡色、黑色、紅色、藍色、黃色

器貝
Appliance
雕塑工具組、擀麵棍、餅乾切模、塑膠袋或保鮮膜（墊底用）

步驟說明
Step By Step

01 取咖啡色麵團與原色麵團。

02 將咖啡色麵團與原色麵團混合，為淺咖啡色麵團。

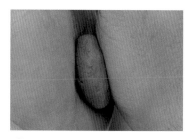
03 用手掌將淺咖啡色麵團搓成團。

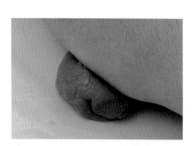
04 用手掌將淺咖啡色麵團壓扁。

05 以雕塑工具將淺咖啡色麵團切成長方形。

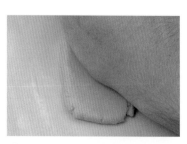
06 用手掌將原色麵團壓扁。

07 將原色麵團放入塑膠袋中，並以擀麵棍將麵團擀平。

08 將擀平的原色麵團從塑膠袋中取出。

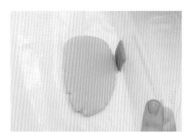

09 以塑膠袋為輔助，將淺咖啡色長方形麵團放在原色麵團上。

10 承步驟 9，以擀麵棍將麵團擀平。

11 將餅乾切模壓放在麵團上，並用指腹將切模外的麵團去除後，拿起餅乾切模。

12 用指腹調整麵團形狀。

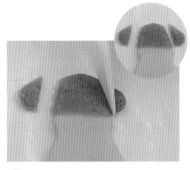

13 以雕塑工具將淺咖啡色麵團左右兩側切開。

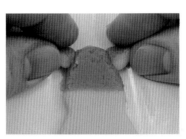

14 用指腹將切下的兩塊淺咖啡色麵團翻面並轉向擺放，將原色部分露出，為耳朵。

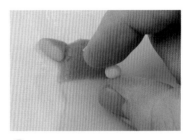

15 用指腹將原色麵團搓成圓形。

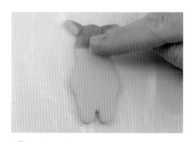

16 將原色圓形麵團放在淺咖啡色麵團與原色麵團交界處,為吻部。

17 用指腹將原色麵團搓成圓形。

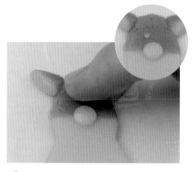

18 將原色圓形麵團放在柴犬臉上,為眉毛。

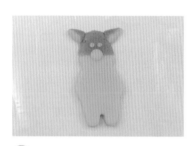

19 重複步驟 17-18,完成右側眉毛。

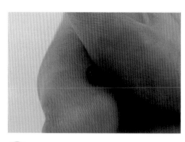

20 用指腹將黑色麵團搓成圓形。

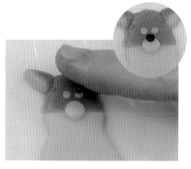

21 將黑色圓形麵團放在吻部上,為鼻子。

22 重複步驟 20-21,在鼻子左右兩側製作眼睛。

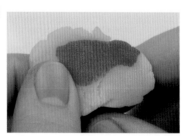

23 取紅色麵團與原色麵團。

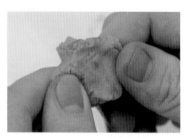

24 將紅色麵團與原色麵團混合,為粉紅色麵團。

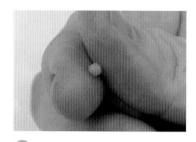

25 用指腹將粉紅色麵團搓成圓形。

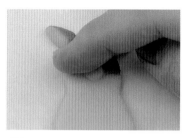

26 將粉紅色圓形麵團放在眼睛下側，為腮紅。

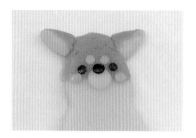

27 重複步驟 25-26，完成右側腮紅。

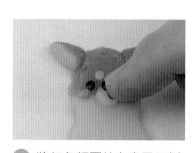

28 將紅色麵團放在鼻子下側，為舌頭。

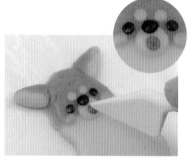

29 以雕塑工具在舌頭上壓出舌紋。

30 用指腹將原色麵團 a1、a2搓成圓形。

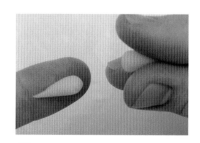

31 將原色圓形麵團 a1、a2 用指腹搓成水滴形。

32 將原色水滴形麵團 a1 放在下半身左側，為左手。

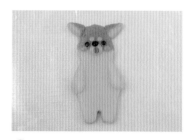

33 重複步驟 32，完成右手，即完成柴犬身體。

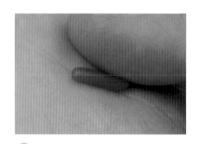

34 用指腹將紅色麵團搓成長條形。

35 將紅色長條形麵團放在脖子上,為頸圈。

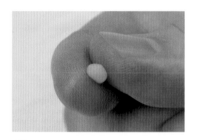

36 用指腹將黃色麵團搓成圓形。

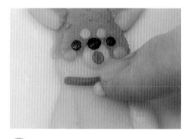

37 將黃色圓形麵團放在頸圈上,為鈴鐺。

38 如圖,鈴鐺完成。

39 取藍色麵團與原色麵團。

40 將藍色麵團與原色麵團混合,為淺藍色麵團。

41 用指腹將淺藍色麵團搓成長條形。

42 將淺藍色長條形麵團斜放在下半身,為背帶。

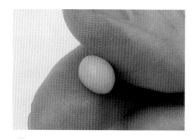

43 用指腹將淺藍色麵團搓成圓形。

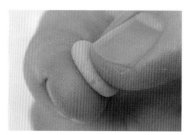

44 用指腹將淺藍色圓形麵團壓扁。

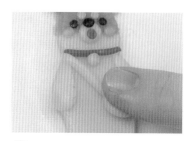

45 將淺藍色圓形麵團放在背帶下緣處，為書包。

46 用指腹將藍色麵團搓成圓形。

47 用指腹將藍色圓形麵團壓扁。

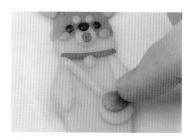

48 將藍色圓形麵團放在書包上，為蓋頭。

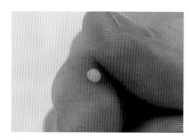

49 用指腹將黃色麵團搓成圓形。

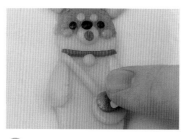

50 將黃色圓形麵團放在蓋頭上，為包包扣子。

51 最後，將柴犬哥哥放上烤盤即可。

柴犬妹妹

材料＆工具
Materials & Tools

顏色 原色、咖啡色、黑色、紅色
Color

器具 雕塑工具組、擀麵棍、餅乾切模、塑膠袋或保鮮膜
Appliance （墊底用）

步驟說明 Step By Step

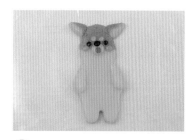

01 製作柴犬身體。（註：做法請參考柴犬哥哥 P.64 步驟 1-33。）

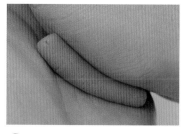

02 用指腹將粉紅色麵團搓成長條形。（註：粉紅色麵團須以原色加紅色麵團調色，可參考 P.66 步驟 23-24。）

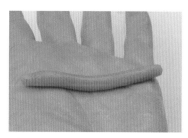

03 承步驟 2，持續將粉紅色麵團搓成長條形。

04 以雕塑工具將粉紅色長條形麵團切塊。

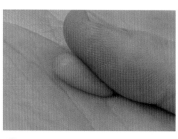

05 用指腹將粉紅色塊狀麵團搓成水滴形。

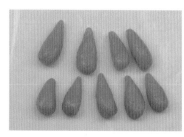

06 重複步驟 5，完成共九個粉紅色水滴形麵團。

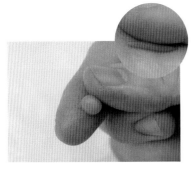

07 用指腹將粉紅色麵團搓成圓形後,搓成長條形。

08 以雕塑工具將粉紅色長條形麵團切成 1/2。

09 將 1/2 粉紅色長條形麵團放在左手上側,為肩帶。

10 如圖,左側肩帶完成。

11 重複步驟 9-10,完成右側肩帶。

12 將粉紅色水滴形麵團依序壓放在身體下半部,約放五個。

13 承步驟 12,將四個粉紅色水滴形麵團壓放在上側。

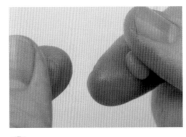

14 用指腹將粉紅色麵團 a1、a2 搓成圓形。

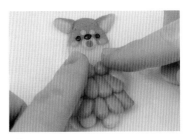

15 將粉紅色圓形麵團 a1、a2 壓放在肩帶下側。

16 如圖，裙子完成。

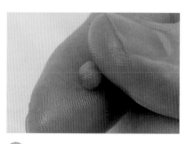

17 用指腹將粉紅色麵團搓成圓形。

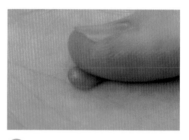

18 用指腹輕壓粉紅色圓形麵團。

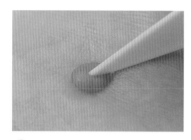

19 以雕塑工具將粉紅色圓形麵團壓出紋路。

20 以雕塑工具為輔助，將粉紅色圓形麵團放在左耳旁邊，為緞帶。

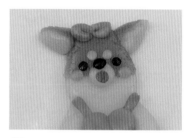

21 重複步驟 17-20，另一側緞帶製作完成。

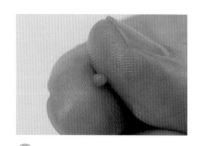

22 用指腹將粉紅色麵團搓成圓形。

23 將粉紅色圓形麵團放在緞帶上，即完成蝴蝶結。

24 最後，將上柴犬妹妹放上烤盤即可。

柴犬爸爸

材料&工具
Materials Tools

顏色
Color
原色、咖啡色、黑色、紅色、黃色、藍色

器具
Appliance
雕塑工具組、擀麵棍、餅乾切模、塑膠袋或保鮮膜（墊底用）

步驟說明
Step By Step

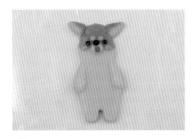

01 製作柴犬身體。（註：做法請參考柴犬哥哥 P.64 步驟 1-33。）

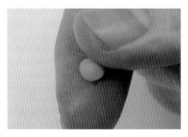

02 用指腹將淺藍色麵團搓成圓形。（註：淺藍色麵團須以原色加藍色麵團調色，可參考 P.68 步驟 39-40。）

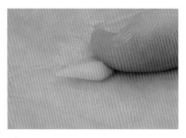

03 承步驟 2，用指腹將麵團搓成水滴形，為領帶。

04 將領帶放在柴犬身體中間，並用指腹輕壓固定。

05 用指腹將淺藍色麵團搓成圓形，為領結。

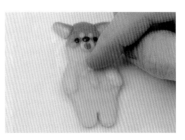

06 將領結放在領帶上方，並用指腹輕壓固定。

07 如圖，領帶完成。

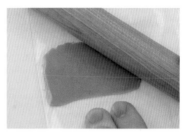

08 將淺咖啡色麵團放入塑膠袋中，並以擀麵棍將麵團擀平。（註：淺咖啡色麵團須以原色加咖啡色麵團調色，可參考 P.64 步驟 1-2。）

09 以雕塑工具將淺咖啡色麵團上側平切。

10 將餅乾切模壓放在淺咖啡色麵團上，用指腹將切模外的麵團去除後，拿起餅乾切模。

11 以雕塑工具將 U 型部分切掉，為褲子。

12 如圖，褲子完成。

13 將褲子放上柴犬的下半身，並以雕塑工具輕壓 U 型內凹處，以加強固定。

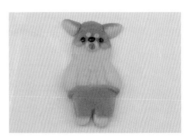

14 如圖，褲子擺放完成。

15 取咖啡色麵團，用指腹將麵團搓成長橢圓形，為皮帶。（註：兩端較中間細。）

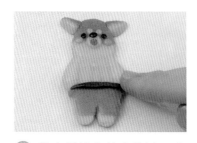

16 將皮帶放在柴犬的褲子上方邊緣，為皮帶。

17 用指腹將黃色麵團搓成圓形，為釦子。

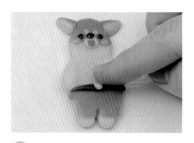

18 將釦子放在皮帶中央，並用指腹輕壓固定。

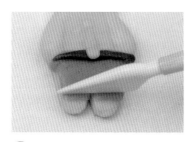

19 以雕塑工具在褲管上壓出紋路。

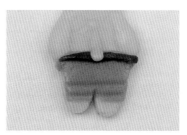

20 如圖，褲管紋路完成。

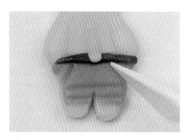

21 以雕塑工具在皮帶下方兩側，斜壓出口袋紋路。

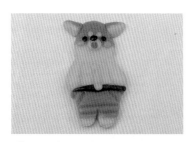

22 如圖，柴犬爸爸完成。

23 最後，將柴犬爸爸放上烤盤即可。

柴犬媽媽

顏色
Color
原色、咖啡色、黑色、紅色、綠色

器具
Appliance
雕塑工具組、擀麵棍、餅乾切模、塑膠袋或保鮮膜（墊底用）

步驟說明 Step Step By

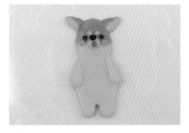

01 製作柴犬身體。（註：做法請參考柴犬哥哥 P.64 步驟 1-33。）

02 將原色麵團與綠色麵團混合，為淺綠色麵團。

03 將淺綠色麵團放入塑膠袋中，並以擀麵棍將麵團擀平。

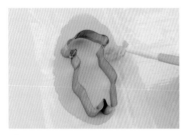

04 將餅乾切模壓放在麵團上，以雕塑工具將多餘的麵團去除後，拿起切模，即完成狗形麵團。

05 以雕塑工具將狗形麵團腳部切除。

06 以雕塑工具將狗形麵團頭部切除。

07 以雕塑工具將淺綠色麵團中間切出短直線，為記號線。

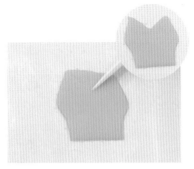

08 承步驟 7，在記號線左右兩側以雕塑工具切除 V 字形麵團，為服裝。

09 先將服裝放在身體上後，以塑膠袋覆蓋麵團。

10 用指腹將麵團輕壓平，以加強黏合。

11 用指腹調整麵團形狀。

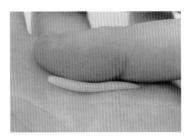

12 用指腹將原色麵團搓成長條形。

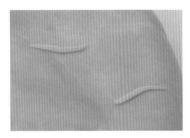

13 以雕塑工具將原色長條形麵團對切。

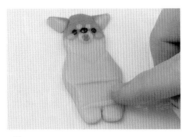

14 將兩個原色長條形麵團分別放在服裝中間與下緣處。

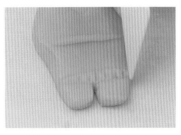

15 以雕塑工具將服裝下緣處的原色長條形狀麵團切出八條短直線，為流蘇。

16 用指腹將淺綠色麵團搓成圓形麵團。

17 用指腹將圓形麵團搓成水滴形。

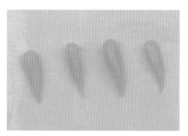

18 重複步驟 16-17，共完成四個淺綠色水滴形麵團。

19 將淺綠色水滴形麵團稍微彎折成 U 形。

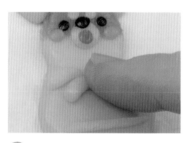

20 將淺綠色水滴形麵團分別放在服裝上方，為裝飾。

21 用指腹將淺綠色麵團搓成圓形。

22 將淺綠色圓形麵團放在裝飾中間，為飾品。

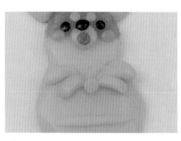

23 如圖，飾品擺放完成。

24 用指腹將淺綠色麵團搓成橢圓形。

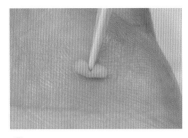

25 以雕塑工具在橢圓形麵團中心稍微壓出切痕，為蝴蝶結

26 承步驟 25，以雕塑工具為輔助，將蝴蝶結放在左耳側邊。

27 如圖，蝴蝶結完成。

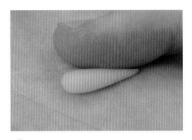

28 用指腹將原色麵團搓成水滴形。

29 將原色水滴形麵團放在身體左側，為左手。

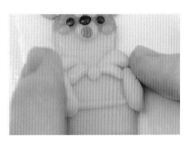

30 重複步驟 28-29，完成右手。

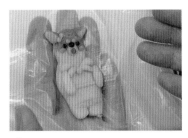

31 最後，將柴犬媽媽放上烤盤即可。

青蛙王子

🌡 上火 180 度，下火 130 度
⏱ 烘烤約 20 ～ 25 分
🍪 18 片

青蛙

材料 & 工具
Materials Tools

顏色
Color
原色、咖啡色、黑色、紅色、綠色

器具
Appliance
雕塑工具組、擀麵棍、餅乾切模、圓形切模、塑膠袋或保鮮膜（墊底用）

步驟說明
Step By Step

01 將綠色麵團與原色麵團混合後搓圓，為淺綠色麵團。

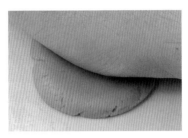

02 用手掌將淺綠色麵團壓扁。

03 將淺綠色麵團放入塑膠袋中，並以擀麵棍將麵團擀平。

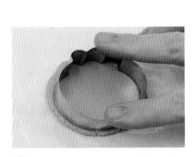

04 將餅乾切模壓放在麵團上。

05 將餅乾切模外的麵團去除後，拿起餅乾切模，即完成青蛙主體。

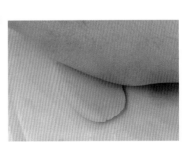

06 用手掌將原色麵團壓扁。

07 將原色麵團放入塑膠袋中，並以擀麵棍將麵團擀平。

08 將圓形切模壓放在麵團上。

09 將切模外的麵團去除後，拿起圓形切模，即完成肚子。

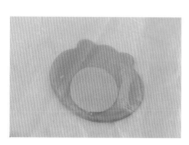 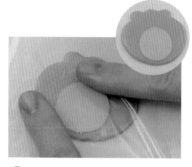 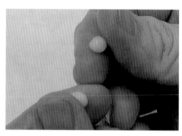

10 先將肚子放在青蛙主體上後，以塑膠袋覆蓋麵團。

11 承步驟 10，用指腹輕壓固定，將肚子與青蛙主體黏合。

12 取原色麵團 a1 與 a2，分別用指腹搓成圓形。

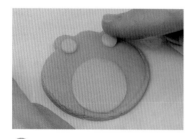  

13 將 a1 與 a2 麵團黏在青蛙主體上方，並用指腹輕輕按壓固定，為眼白。

14 取淺咖啡色麵團，用指腹將麵團搓成圓形，為瞳孔。（註：淺咖啡色麵團須以原色加咖啡色麵團調色，可參考 P.64 步驟 1-2。）

15 承步驟 14，將瞳孔放在左眼白上，並用指腹輕按壓固定。

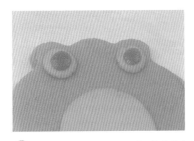

⑯ 重複步驟 14-15，完成右側瞳孔。

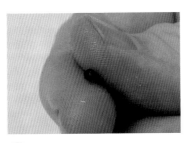

⑰ 取黑色麵團，用指腹搓成圓形，為眼珠。

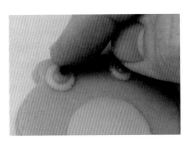

⑱ 將眼珠放在左眼上，並用指腹輕壓固定。

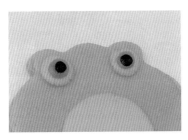

⑲ 重複步驟 17-18，完成右眼眼珠，為青蛙眼睛。

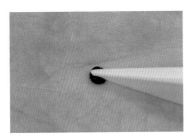

⑳ 取黑色麵團用指腹搓成圓形後，以雕塑工具切成 1/2，為鼻孔 b1 與 b2。

㉑ 以雕塑工具為輔助，將鼻孔 b2 放在左眼右下側，並輕壓固定。

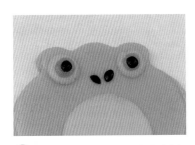

㉒ 重複步驟 21，完成右側鼻孔。

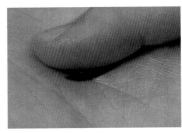

㉓ 用指腹將黑色麵團搓成長橢圓形。（註：兩端較中間細。）

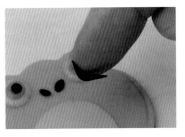

㉔ 將黑色長橢圓形麵團彎成弧形，為嘴巴。

25 將嘴巴放在肚子上緣,並用指腹輕壓固定。

26 取紅色麵團,用指腹將麵團搓成圓形。

27 承步驟 26,將紅色圓形麵團用指腹壓扁,為腮紅。

28 將腮紅放在身體左側,並用指腹輕壓固定。

29 重複步驟 27-28,完成右側腮紅。

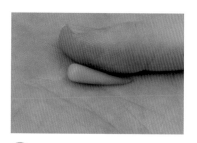

30 用指腹將淺綠色麵團搓成水滴形,為腳。

31 將淺綠色水滴形麵團放在肚子左側,並用指腹輕壓固定,為左腳。

32 重複步驟 30-31,完成右腳。

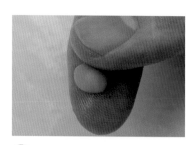

33 用指腹將淺綠色麵團搓成圓形。

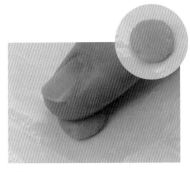

34 用指腹將淺綠色圓形麵團壓扁。

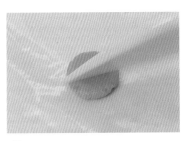

35 以雕塑工具將淺綠色圓扁形麵團對切為麵團 c1 與 c2。

36 將麵團 c1 放在青蛙左眼上方，並用指腹輕壓固定，為眼皮。

37 重複步驟 36，將麵團 c2 放在青蛙右眼上，完成右側眼皮。

38 如圖，青蛙完成。

39 最後，將青蛙放上烤盤即可。

皇冠

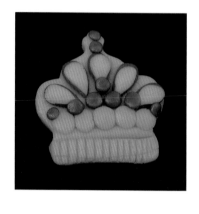

材料 & 工具

顏色
Color
原色、紅色、黃色、藍色

器具
Appliance
雕塑工具組、擀麵棍、餅乾切模、塑膠袋或保鮮膜（墊底用）

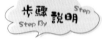
步驟說明
Step By Step

01 取原色麵團，用手掌將麵團壓扁。

02 將原色麵團放入塑膠袋中，並以擀麵棍將麵團擀平。

03 將餅乾切模放在麵團上，壓出造型。

04 承步驟3，將切模外的麵團去除後，拿起餅乾切模。

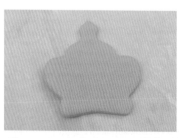

05 如圖，皇冠主體完成。

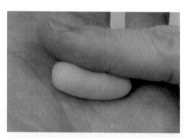

06 取黃色麵團，用指腹將麵團搓成長條形。

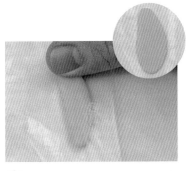

07 將黃色長條形麵團放入塑膠袋中，並用指腹壓扁。

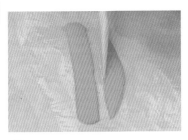

08 以雕塑工具將黃色麵團切成長條形。

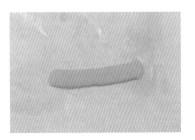

09 如圖，飾帶完成。

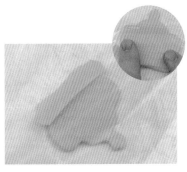

10 以塑膠袋為輔助，將飾帶與皇冠底邊黏合後，用指腹輕壓固定。

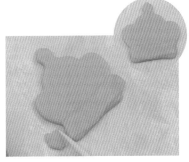

11 以雕塑工具將過長的飾帶切除。

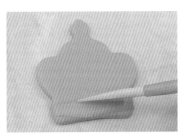

12 以雕塑工具在飾帶 1/3 處壓出橫線紋路。

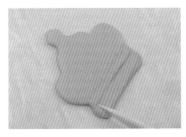

13 在飾帶橫線紋路下方壓出直線紋路。

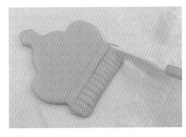

14 重複步驟 13，由左至右依序在飾帶上壓出直線紋路。

15 用指腹將黃色麵團搓成長條形。

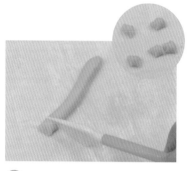

16 承步驟 15，以雕塑工具切出五塊麵團。

17 用指腹將黃色塊狀麵團搓成圓形。

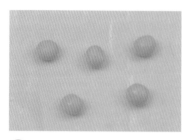

18 如圖，黃色圓形麵團 a1 ～ a5 完成。

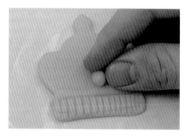

19 將黃色圓形麵團 a1 放在飾帶上側中間。

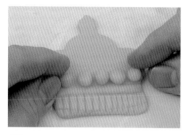

20 重複步驟 19，將黃色圓形麵團 a2 ～ a5 向左右兩側擺放完成。

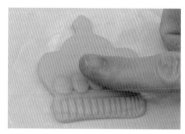

21 承步驟 20，用指腹將黃色圓形麵團壓扁固定。

22 如圖，黃色寶石完成。

23 取紅色麵團，重複步驟 15-16，切成五塊麵團，為紅色麵團 b1 ～ b5。

24 將紅色麵團 b1 ～ b5 用指腹搓成水滴形。

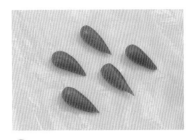

25 如圖，紅色水滴形麵團 b1～b5 完成。

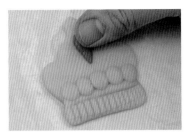

26 將紅色水滴形麵團 b1 放在皇冠正中間，並用指腹輕壓固定。

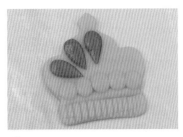

27 重複步驟 26，將紅色水滴形麵團 b2 與 b3 依序放在紅色水滴形麵團 b1 左側並按壓固定。

28 重複步驟 27，將紅色水滴形麵團 b4 與 b5 依序放在紅色水滴形麵團 b1 右側並按壓固定。

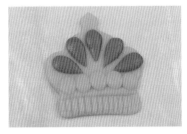

29 如圖，紅色寶石完成。

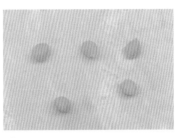

30 取原色麵團，重複步驟 15-16，切成五塊麵團，為 c1～c5。

31 用指腹將原色麵團 c1～c5 搓成水滴形。

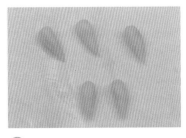

32 如圖，原色水滴形麵團 c1～c5 完成。

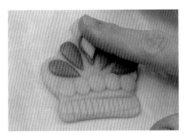

33 將原色水滴形麵團 c1 放在紅寶石上，並用指腹輕壓固定。

㉞ 重複步驟 33，將原色水滴形麵團 c1 ～ c5，依序放在紅色寶石上方，即完成光澤製作。

㉟ 取藍色麵團，用指腹將麵團搓成長條形。

㊱ 承步驟 35，以雕塑工具將麵團切成 5 大塊與 4 小塊。

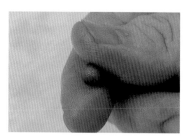

㊲ 承步驟 36，用指腹將切塊的藍色麵團搓成圓形，為大藍色寶石與小藍色寶石。

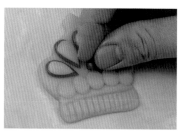

㊳ 將大藍色寶石放在紅色寶石下方，並用指腹輕壓固定。

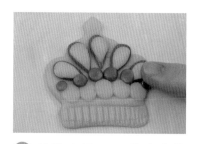

㊴ 重複步驟 38，依序將藍色寶石裝飾在皇冠上。

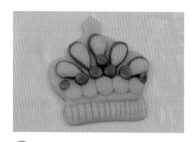

㊵ 重複步驟 38，將小藍色寶石放在皇冠間隙上。

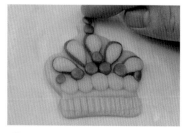

㊶ 重複步驟 38，將小藍色寶石放在皇冠頂端。

㊷ 最後，將皇冠放上烤盤即可。

灰姑娘的舞會

🌡 上火 180 度，下火 130 度

⏱ 烘烤約 20 ～ 25 分

👤 12 片

顏色 COLOR

麵團
原色

塑形巧克力
白色、咖啡色、橘色、
藍灰色、藍色、藍綠色、
綠色

器具 APPLIANCE
雕塑工具組、擀麵棍、
印模、餅乾切模、圓形
切模、塑膠袋或保鮮膜
（墊底用）

：基底製作

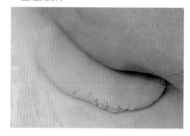

01 取原色麵團，用手掌將麵團壓扁。

02 將塑膠袋覆蓋住原色麵團，並以擀麵棍擀平。

03 如圖，原色麵團擀平完成。

04 取玻璃鞋切模放在原色麵團上並往下壓。

05 承步驟 4，取南瓜切模、禮服切模，放在原色麵團上並往下壓。

06 承步驟 5，把切模外的原色麵團去除。

07 取出切模。

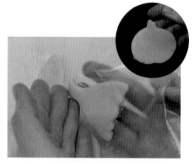

08 將玻璃鞋、禮服、及南瓜放上烤盤。

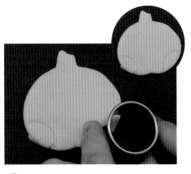

09 以圓形切模在南瓜兩側壓出圓弧形，為輪胎位置。

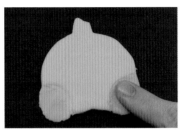

10 用指腹將輪胎位置向下壓，增加麵團面積。

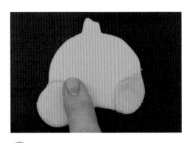

11 先以圓形切模在原色麵團上壓出圓形麵團後，放在左側輪胎位置上，並用指腹按壓固定，即完成輪胎。

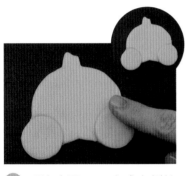

12 重複步驟 11，完成右側輪胎製作，為南瓜馬車，並待造型餅乾烤熟冷卻後，即可裝飾。

:禮服製作

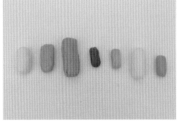

13 製作已調色可塑形巧克力，由左至右為藍綠色、藍色、橘色、咖啡色、綠色、白色、藍灰色。（註：塑形巧克力製作及調色方法可參考 P.283。）

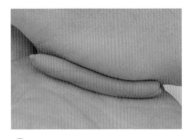

14 取藍灰色巧克力，搓成長條形。

15 取藍色巧克力，搓成長條形。

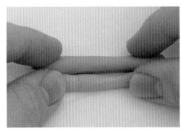

16 將藍灰色和藍色巧克力橫向並列擺放。

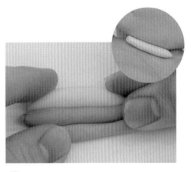

17 重複步驟 15，將藍綠色巧克力搓成長條形後，擺放在藍灰色巧克力上方。

18 先將白色巧克力捏成圓扁
形後,擺放在藍綠色巧克
力上方,即完成混色巧克
力。

19 以擀麵棍將混色巧克力擀
平。

20 將巧克力前後兩端向內彎
折。

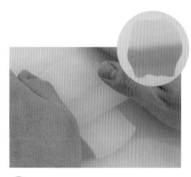
21 以擀麵棍將混色巧克力擀
平。

22 將禮服切模壓放在混色巧
克力上方。

23 取下切模內巧克力後,即
完成禮服主體。

24 取白色巧克力在掌心搓成
水滴形。

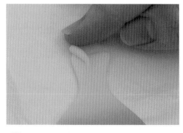
25 將水滴形巧克力放在禮服
主體上方左側領口處。

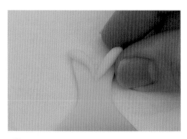
26 重複步驟 24-25,完成右
側領口製作。

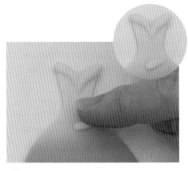

27 先將白色巧克力在掌心搓成水滴形後，放在禮服腰部，並以指腹輕壓固定，即完成花瓣。

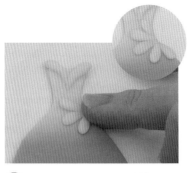

28 重複步驟 27，完成共五片花瓣，為小花裝飾。

29 重複步驟 27-28，先在禮服左下角製作小花裝飾後，搓出長條形白色巧克力，並放在小花裝飾下方，為花莖。

: 玻璃鞋製作

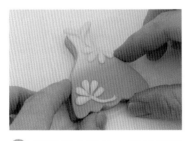

30 將禮服主體放在已烤好餅乾上方。

31 如圖，禮服完成。

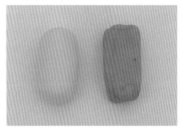

32 製作已調色可塑形巧克力，由左至右為藍綠色、藍色。（註：塑形巧克力製作及調色方法可參考 P.283。）

33 先將藍綠色巧克力壓扁後，以塑膠袋覆蓋。

34 以擀麵棍將藍綠色巧克力擀平。

35 將玻璃鞋切模壓放在藍綠色巧克力上方。

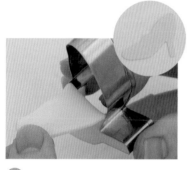

36 取下切模內巧克力後，即完成玻璃鞋主體。

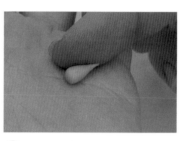

37 將藍色巧克力在掌心搓成水滴形。

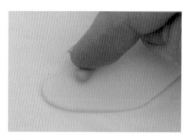

38 將水滴形巧克力放在玻璃鞋主體上方。

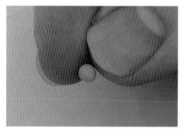

39 將藍色巧克力搓成圓形。

40 將圓形巧克力放在水滴形巧克力尖端。

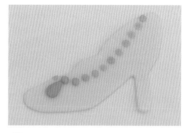

41 重複步驟 39-40，依序製作圓形巧克力，並沿著玻璃鞋鞋型製作腳形。

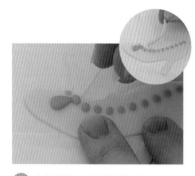

42 以雕塑工具沿著圓形巧克力切出腳形，並取下多餘巧克力後，即完成玻璃鞋主體。

43 重複步驟 33-35，先將藍色巧克力擀平後，再將玻璃鞋切模壓放在藍色巧克力上方。

44 重複步驟 36，取出切模內巧克力後，將玻璃鞋主體巧克力放置上方。

：南瓜馬車製作

45 將玻璃鞋主體放在已烤好餅乾上方。

46 如圖，玻璃鞋完成。

47 製作已調色可塑形巧克力，由左至右為橘色、咖啡色、綠色。（註：塑形巧克力製作及調色方法可參考 P.283。）

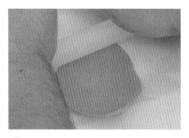

48 先將橘色巧克力壓扁後，以塑膠袋覆蓋，並以擀麵棍擀平。

49 將南瓜切模壓放在橘色巧克力上方。

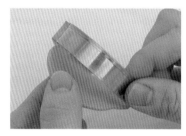

50 取下切模內巧克力後，即完成南瓜主體。

51 以雕塑工具順著南瓜主體畫出弧線，為南瓜紋路。

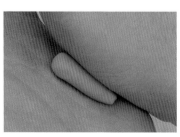

52 將綠色巧克力在掌心搓成水滴形。

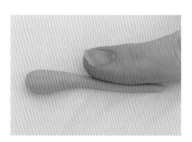

53 將水滴形巧克力放在桌面上，將前端搓尖，即完成蒂頭。

54 將蒂頭放在南瓜主體上方。

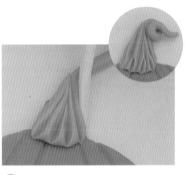

55 以雕塑工具順著蒂頭壓出線條,為蒂頭紋路,並順勢繞出捲曲狀。

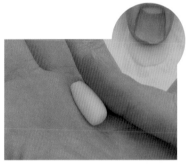

56 將綠色和白色巧克力混合成淺綠色巧克力,並搓成橢圓形後壓扁。

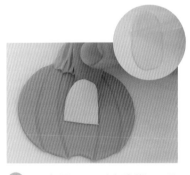

57 承步驟56,以雕塑工具切出拱形後,將拱形巧克力放在南瓜主體上,為窗戶。

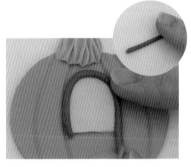

58 將咖啡色巧克力在桌面搓成長條形後,沿著窗戶輪廓擺放。

59 以雕塑工具將過長的巧克力切除,即完成窗框。

60 重複步驟58-59,完成直向窗框。

61 重複步驟58-59,完成橫向窗框。

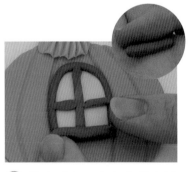

62 將咖啡色巧克力在掌心搓成柱形,並放在窗戶下方,即完成窗台板製作。

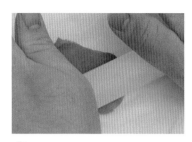

63 先將咖啡色巧克力壓扁後，以塑膠袋覆蓋，並以擀麵棍擀平。

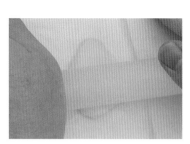

64 先將白色巧克力壓扁後，以塑膠袋覆蓋，並以擀麵棍擀平。

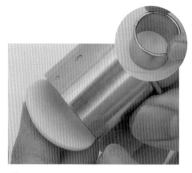

65 將圓形切模壓放在白色巧克力上方後，取出切模內巧克力，即完成輪胎主體。

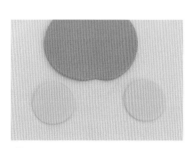

66 重複步驟 64-65，共完成兩個輪胎主體。

67 以印模壓在咖啡色巧克力上方後，取出印模內的小花巧克力。

68 重複步驟 67，共完成兩片小花巧克力。

69 將小花巧克力放在輪胎主體上方，即完成輪胎。

70 重複步驟 69，共完成兩個輪胎。

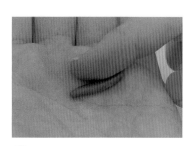

71 將咖啡色巧克力在掌心搓成短柱形。

72 將短柱形巧克力放在南瓜下方。

73 重複步驟 71-72，完成共兩個短柱形巧克力製作，為階梯。

74 將南瓜主體放在已烤好餅乾上方。

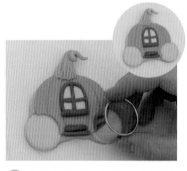

75 以圓形切模在南瓜主體兩側壓出圓弧形，為輪胎位置。

76 將輪胎放在步驟 75 預留的位置上。

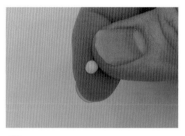

77 用指腹將白色巧克力搓成圓形。

78 將圓形放在左側輪胎中心，並用指腹輕按壓。

79 重複步驟 77-78，完成右側輪胎圓形擺放。

80 如圖，南瓜馬車完成。

BISCUITS

桃太郎

🌡 上火 180 度，下火 130 度
⏱ 烘烤約 20 ～ 25 分
🍪 20 片

101

材料及工具

Materials & Tools

顏色 COLOR

紅色、原色、黃色、綠
色、咖啡色、黑色

器具 APPLIANCE

雕塑工具組、擀麵棍、
餅乾切模、塑膠袋或保
鮮膜（墊底用）

步驟說明

Step by step

：桃太郎製作

01 將紅色麵團與原色麵團混
合，為粉紅色麵團。

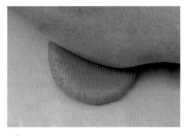

02 用手掌將粉紅色麵團壓扁。

03 以塑膠袋覆蓋粉紅色麵團，
並以擀麵棍將麵團擀平。

04 將餅乾切模壓放在粉紅色
麵團上。

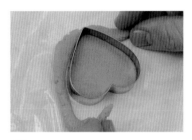

05 承步驟 4，將餅乾切模外
的麵團去除後，拿起餅乾
切模。

06 如圖，為桃子主體。

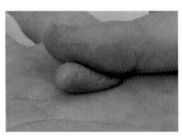

07 取綠色麵團，用指腹將麵
團搓成水滴形。

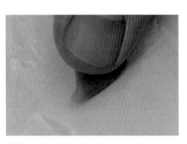

08 承步驟 7，用指腹將綠色
水滴形麵團壓扁，為葉子。

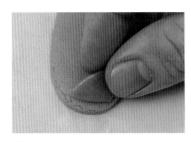 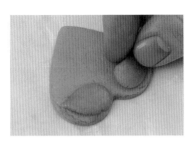 

09 將葉子放在桃子主體左下方，並用指腹輕壓固定。

10 重複步驟 7-9，完成右側葉子。

11 以雕塑工具在左側葉片上壓出葉柄。

  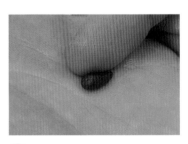

12 承步驟 11，以雕塑工具壓出葉脈。

13 重複步驟 11-12，完成右側葉脈製作。

14 取咖啡色麵團，用指腹將麵團搓成水滴形，為葉梗。

 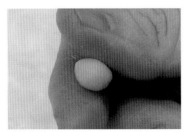 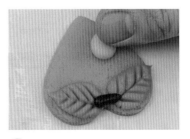

15 將葉梗放在兩片葉子中間，並用指腹輕壓固定。

16 用指腹將原色麵團搓成圓形，為桃太郎臉部。

17 將桃太郎臉部放在桃子右上側，並用指腹輕壓固定。

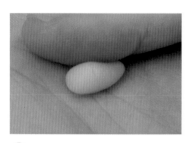

18 取黃色麵團，用指腹將麵團搓成長條形，為桃太郎身體。

19 將身體放在頭部左下側，並用指腹輕壓固定。

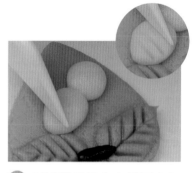

20 以雕塑工具在身體壓出三條紋路。

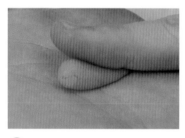

21 用指腹將粉紅色麵團搓成水滴形。

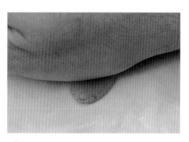

22 承步驟 21，用手掌將粉紅色粉紅形麵團壓扁。

23 以雕塑工具將粉紅色水滴形麵團對切為襁褓布 a1 與 a2。

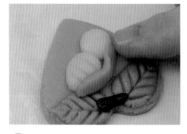

24 將襁褓布 a1 垂直放在桃太郎右側，並用指腹輕壓固定。（註：襁褓布稍微彎曲有弧度，會更有立體感。）

25 重複步驟 24，將襁褓布 a2 垂直放在桃太郎左側。

26 以雕塑工具在襁褓布 a2 上壓出紋路。

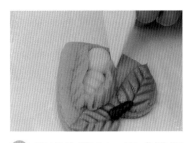

27 重複步驟 26，完成襁褓布 a1 的紋路。

28 如圖，襁褓布紋路完成。

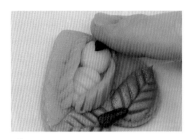

29 取黑色麵團，用指腹將麵團搓成水滴形後，放在桃太郎頭部，為頭髮。

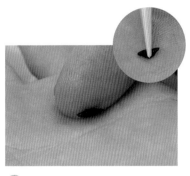

30 用指腹將黑色麵團搓成水滴形，再以雕塑工具對切。

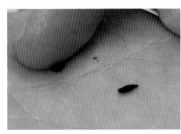

31 如圖，桃太郎眼睛 b1 與 b2 完成。

32 將眼睛 b1 放在頭髮左下側，並用指腹輕壓固定。

33 重複步驟 32，完成右側眼睛。

34 如圖，眼睛完成。

35 用指腹將原色麵團搓成圓形，為鼻子。

36 將鼻子放在雙眼下方，並用指腹輕壓固定。

37 如圖，鼻子完成。

38 用指腹將粉紅色麵團搓成圓形，為腮紅。

39 以雕塑工具為輔助，將腮紅放在桃太郎左臉上。

40 重複步驟 38-39，完成右側腮紅。

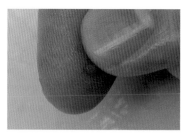

41 取紅色麵團，用指腹將麵團搓成圓形，為嘴巴。

42 將嘴巴放在鼻子下側，並用指腹輕壓固定。

43 如圖，桃太郎完成。

44 最後，將桃太郎放上烤盤即可。

CHAPTER
02

甜入你心！

夢幻甜心馬卡龍

Macaron

Macaron Preparation

馬卡龍前置製作

01 │ 馬卡龍麵糊製作

材料及工具 Ingredients & Tools

· 食材

① 杏仁粉 200 克
② 白砂糖 208 克
③ 純糖粉 200 克
④ 蛋白 1 104 克
⑤ 蛋白 2 42 克
⑥ 水 53 克

· 器具

電動攪拌機、鋼盆、刮刀、溫度計、卡式爐、單柄鍋、篩網

步驟説明 Step By Step

01

02

03

04

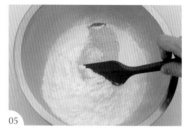
05

06

馬卡龍麵糊製作
影片 QRcode

01 將杏仁粉倒入篩網中過篩。

02 承步驟 1，以手輕拍篩網，將杏仁粉過篩至攪拌缸中。

03 將純糖粉倒入篩網中過篩。

04 承步驟 3，以手輕拍篩網，將純糖粉過篩至攪拌缸中。

05 以刮刀將杏仁粉與純糖粉混合均勻。

06 如圖，杏仁糖粉混合完成，為粉料，備用。

07 將蛋白 1 倒入攪拌缸中。

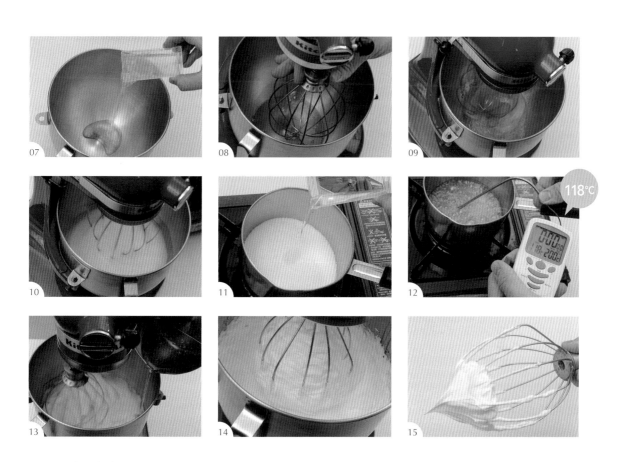

08 將球狀拌打器裝上電動攪拌機並固定。

09 以中速將蛋白打散。

10 重複步驟 9，繼續以電動攪拌機將蛋白打到起泡。

11 將水加入白砂糖，並開火煮滾。

12 承步驟 11，將白砂糖與水煮至 118 度。

13 將糖水慢慢沖入蛋白中，以中高速繼續打發蛋白霜。

14 最後，將蛋白霜打至硬性發泡即可。

15 如圖，義式蛋白霜完成。

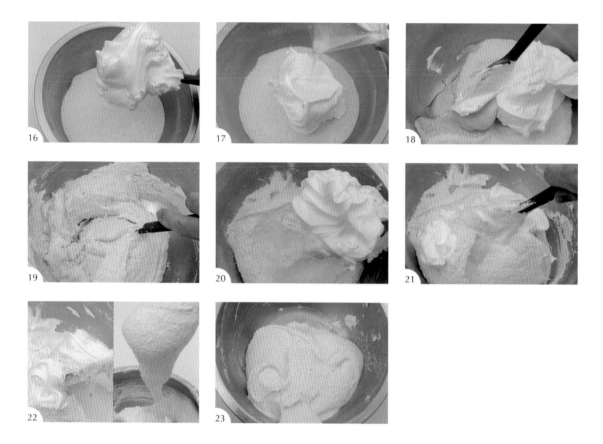

16 將 1/2 蛋白霜加入步驟 6 的粉料中。

17 承步驟 16，將蛋白 2 加入粉料中。

18 將蛋白霜、蛋白 2 與粉料拌勻。

19 重複步驟 18，以刮刀攪拌均勻。

20 承步驟 19，混合均勻後，將剩下的 1/2 的蛋白霜加入攪拌缸中。

21 將蛋白霜與攪拌缸內的麵糊攪拌均勻。

22 最後，以刮刀攪拌至蛋白霜呈現微流動狀態即可。

23 如圖，馬卡龍麵糊製作完成。

Tips

◆ 煮糖漿時，火力以中小火為主，勿開大火。

◆ 麵糊沖糖時勿沖太快，須慢慢倒入。

◆ 調色時須在麵糊拌勻時調色，勿在最終判斷點加入，易攪拌過度。

◆ 擠出成形時須保留間隙，勿靠太近。

◆ 麵糊太濃可多攪拌即可改善，如果太水則攪拌過度。

◆ 擠出成形時，須擠得比實際大小來得小一點，因擠完的麵糊會稍微外擴。

◆ 表面須確實結皮才能烘烤。

02 | 內餡製作

材料及工具　Ingredients & Tools

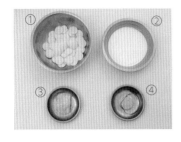

- 食材
  ① 白巧克力 150 克
  ② 動物性鮮奶油 55 克
  ③ 發酵奶油 20 克
  ④ 葡萄糖漿 20 克

- 器具
  鋼盆、刮刀、擠花袋

步驟説明　Step By Step

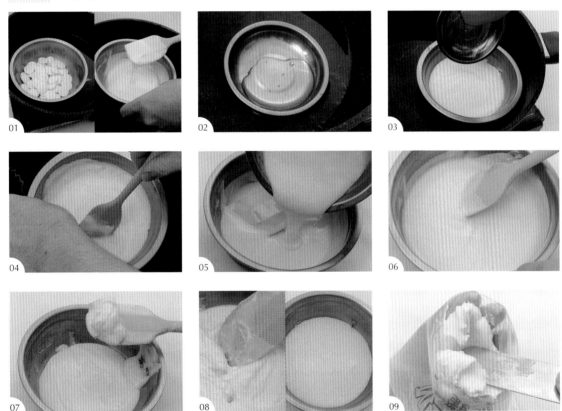

01　將白巧克力隔水加熱至融化。

02　將葡萄糖漿隔水加熱。

03　將葡萄糖漿加入鮮奶油中。

04　承步驟 3，將葡萄糖漿與鮮奶油隔水加熱拌勻。

05　承步驟 4，拌勻後加入融化的白巧克力中。

06　將巧克力糊攪拌均勻。

07　攪拌均勻後，加入發酵奶油。

08　以刮刀攪拌均勻，放至冷卻凝固後即可。

09　將內餡裝入擠花袋中。

10 最後，將擠花袋尾端打結即可。

11 如圖，內餡完成，要使用前，以剪刀將擠花袋尖端剪掉即可。

03 | 調色方法

◆ 麵糊調色及裝入擠花袋方法

步驟說明 Step By Step

01 將色膏適量倒在麵糊上。

02 將麵糊與色膏拌勻。

03 如圖，麵糊調色完成。

04 將平口花嘴（#SN7066）放入擠花袋。

05 以剪刀將花嘴前多出的擠花袋尖端剪掉。

06 將調色麵糊裝入三明治袋中。

07 承步驟 6，將裝好調色麵糊的三明治袋尾端打結。

08 以剪刀將裝有調色麵糊的三明治袋尖端剪掉。

09 最後，承步驟 8，將三明治袋放入裝好花嘴的擠花袋中即可。

10 如圖，調色麵糊擠花袋準備完成。（註：若要使用原色麵糊，則跳過步驟 1-3，直接將麵糊裝袋即可。）

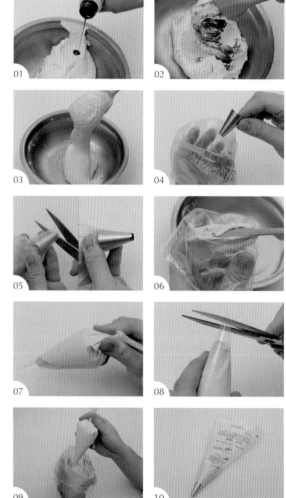

調色 Tinting

原色　黃色　綠色　灰色　紅色　粉紅色

◆ 巧克力調色

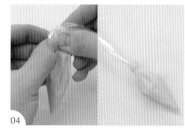

01　將融化後的巧克力裝入三明治袋中。

02　滴入少許色膏在巧克力上。

03　將色膏與巧克力混勻。

04　最後，將三明治袋尾端打結，要使用前，以剪刀將擠花袋尖端剪掉即可。（註：融化巧克力方法可參考 P.268。）

調色 Tinting

白色　粉紅色　紅色　藍色　綠色　黃色　咖啡色　淺咖啡色

龜兔賽跑

🌡 上火 160 度，下火 150 度
⏱ 烘烤約 13～15 分
👤 約 30 個

兔子

 材料 & 工具

顏色 Color 麵糊：白色
巧克力：黑色、粉紅色、紅色、白色

器具 Appliance 擠花袋、平口花嘴、烤盤、烤焙布、兔子紙形、三明治袋

步驟說明 Step By Step

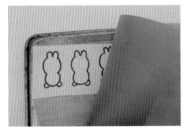 01 將兔子紙形放在烤盤上，並以烤焙布覆蓋。

 02 取白色麵糊，以平口花嘴依照輪廓，擠出兔子頭部。

 03 承步驟2，擠出與頭部相連的兔子身體。

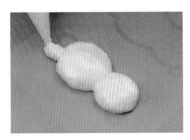 04 以白色麵糊依照輪廓，擠出左耳。

 05 重複步驟4，擠出右耳。

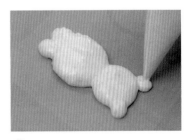 06 以白色麵糊依照輪廓，擠出雙腳。

07　如圖，兔子主體完成。

08　重複步驟 1-7，完成兔子主體，並風乾至結皮，再放進烤箱烘烤後出爐，即完成兔形馬卡龍殼。

09　在兔形馬卡龍殼背面擠出內餡。（註：內餡做法請參考 P.111。）

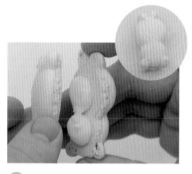

10　承步驟 9，與另一個兔形馬卡龍殼黏合。

11　以黑色巧克力在臉部擠出弧形，為左眼。

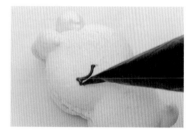

12　以黑色巧克力在眼尾下方點出睫毛。

13　重複步驟 11-12，完成右眼製作。

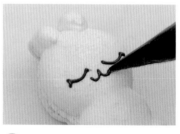

14　以黑色巧克力在雙眼下方擠出 w 形，為嘴巴。

15　以粉紅色巧克力分別擠在兔子的耳朵上，為耳窩。

16 以粉紅色巧克力擠在兩側
睫毛下方,為腮紅。

17 以紅色巧克力在頭部與身
體的連接處擠出 C 形,為
左側緞帶。

18 重複步驟 17,完成右側緞
帶。

19 在領結中央擠出紅色巧克
力,為領結。

20 如圖,蝴蝶結完成。

21 以白色巧克力在蝴蝶結左
側擠出圓形,為左手。

22 重複步驟 21,完成右手製
作。

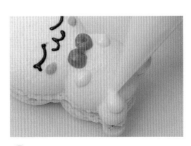

23 以白色巧克力在左腳上擠
出圓形,為肉球。

24 最後,重複步驟 23,完成
右邊肉球製作即可。

烏龜

材料 & 工具

顏色
Color
麵糊：綠色
巧克力：黑色、綠色、紅色、藍色

器具
Appliance
擠花袋、平口花嘴、烤盤、烤焙布、烏龜紙形、三明治袋

步驟說明 Step By Step

01 將烏龜紙形放在烤盤上，並以烤焙布覆蓋。

02 取綠色麵糊，以平口花嘴依照輪廓，擠出烏龜身體。

03 承步驟2，擠出與身體相連的烏龜頭部。

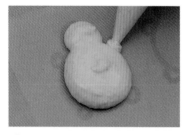
04 以綠色麵糊依照輪廓，擠出烏龜的腳。

05 重複步驟4，完成另外三隻腳。

06 如圖，烏龜主體完成。

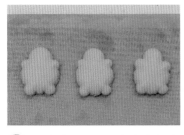

07 重複步驟 1-6，完成烏龜主體，並風乾至結皮，再放進烤箱烘烤後出爐，即完成烏龜馬卡龍殼。

08 在烏龜馬卡龍殼背面擠出內餡。（註：內餡做法請參考 P.111。）

09 承步驟 8，與另一個烏龜馬卡龍殼黏合。

10 以黑色巧克力在頭部擠出彎勾形。

11 以黑色巧克力在臉部擠出一點，為左眼。

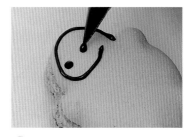

12 重複步驟 11，完成右眼。

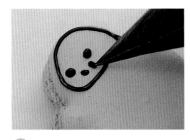

13 以黑色巧克力在臉部下方擠出兩個鼻孔。

14 以紅色巧克力擠一條橫線在臉部上方，為頭帶。

15 承步驟 14，在橫線尾端向下擠出兩條短斜線。

⓰ 承步驟 15，在短斜線間再點出一點，為繩結。

⓱ 以藍色巧克力在烏龜眼睛右側擠出水滴形，為汗水。

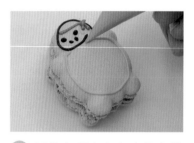

⓲ 以綠色巧克力在烏龜身體擠出圓形輪廓。

⓳ 承步驟 18，在中央擠出六邊形。

⓴ 將六邊形的六個角，與身體輪廓以斜線相連，為紋路。

㉑ 如圖，龜殼完成。

㉒ 以綠色巧克力在六邊形中間擠出圓形。

㉓ 在烏龜龜殼空白處，擠出梯形，為龜殼紋路。

㉔ 最後，以綠色巧克力在烏龜雙腳間擠出尾巴即可。

三隻小豬

🌡 上火 160 度，下火 150 度
⏱ 烘烤約 13 ～ 15 分
👤 約 30 個

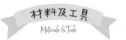

材料及工具

Materials & Tools

顏色 COLOR

麵糊
粉紅色

巧克力
黑色、白色、粉紅色

器具 APPLIANCE

擠花袋、平口花嘴、烤焙布、烤盤、小豬紙形、三明治袋

步驟說明

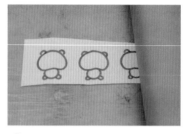

01 將小豬紙形放在烤盤上，並以烤焙布覆蓋。

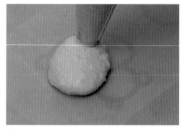

02 取粉紅色麵糊，以平口花嘴依照輪廓，擠出小豬頭部。

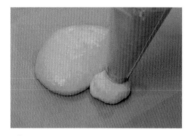

03 承步驟 2，擠出與頭部相連的小豬身體。

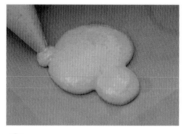

04 以粉紅色麵糊依照輪廓，擠出左耳。

05 重複步驟 4，完成右耳。

06 以粉紅色麵糊依照輪廓，擠出小豬雙腳。

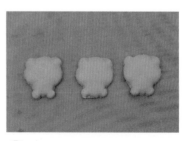

07 重複步驟 1-6，完成小豬主體，並風乾至結皮，再放進烤箱烘烤後出爐，即完成小豬馬卡龍殼。

08 在小豬馬卡龍殼背面擠出內餡。（註：內餡做法請參考 P.111。）

09 承步驟 8，與另一個小豬馬卡龍殼黏合。

10 以粉紅色巧克力在臉部中央擠出倒愛心形，為鼻子。

11 以粉紅色巧克力在身體兩側擠出圓形，為手部。

12 以粉紅色巧克力在身體下方擠出圓形，為腳部。

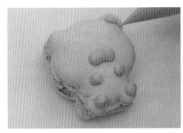

13 以粉紅色巧克力在右耳擠出水滴形。

14 在步驟 13 水滴形側邊擠出另一個水滴形，呈現愛心形耳朵。

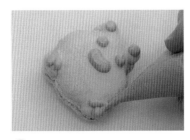

15 重複步驟 13-14，完成左耳。

16 以黑色巧克力在鼻子左側擠出一點，為左眼。

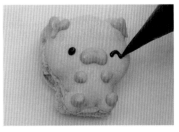

17 以黑色巧克力擠出倒 U 形，為右眼。

18 以黑色巧克力在左耳下側擠出斜線，為眉毛。

19 重複步驟 18，完成右側眉毛。

20 以黑色巧克力在鼻子上擠出兩個鼻孔。（註：疊加的巧克力須等巧克力稍微凝固後再擠，以免巧克力融合。）

21 以黑色巧克力在左手上拉擠出兩個錐形的蹄。

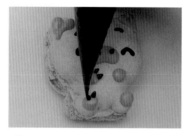

22 重複步驟 21，完成左腳腳蹄。

23 重複步驟 21-22，完成右手與右腳的蹄。

24 最後，以白色巧克力在左眼擠出反光白點即可。

25 如圖，小豬馬卡龍完成。

繽紛聖誕樹

上火 160 度，下火 150 度

烘烤約 13～15 分

約 30 個

顏色 COLOR

麵糊
綠色

巧克力
白色、紅色

器具 APPLIANCE

擠花袋、平口花嘴、烤焙布、烤盤、金色糖珠、銀色糖珠、圓形紙形、三明治袋

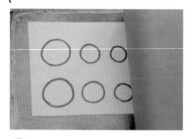

01 將圓形紙形放在烤盤上,並以烤焙布覆蓋。

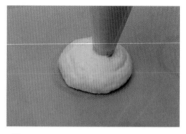

02 取綠色麵糊,以平口花嘴依照輪廓,擠出圓形。

03 如圖,第一個圓形麵糊完成。

04 重複步驟2,依照紙型擠出不同大小的圓形麵糊。

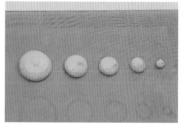

05 如圖,聖誕樹主體完成。

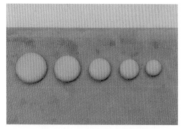

06 最後,將聖誕樹主體風乾至結皮,再放進烤箱烘烤後出爐,即完成圓形馬卡龍殼。

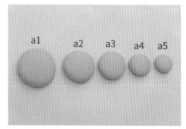

07 將圓形馬卡龍殼排成一排,由大到小分別為 a1 ~ a5。

08 在圓形馬卡龍殼 a1 正面中央擠出內餡。(註:內餡做法請參考 P.111。)

09 承步驟 8，與另一個圓形馬卡龍殼 a2 黏合。

10 如圖，a1 與 a2 黏合完成。

11 重複步驟 8-10，依序將圓形馬卡龍殼 a3～a5 黏合。

12 如圖，聖誕樹主體完成。

13 取備好的金色與銀色糖珠。

14 將白色巧克力擠在聖誕樹頂端中央。

15 承步驟 14，將一顆金色糖珠放在白色巧克力側邊。

16 重複步驟 15，再將兩顆金色糖珠放在兩側，使糖珠呈三角形。

17 承步驟 16，將一顆金色糖珠放在三角形頂端，為聖誕樹樹頂裝飾。

18 如圖，金色糖珠裝飾完成。

19 以白色巧克力在聖誕樹主體第二層側邊，擠出波浪狀造型。

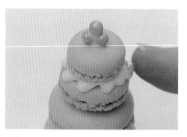

20 趁巧克力未凝固，將銀色糖珠放在白色巧克力上，並用指腹輕壓固定。

21 重複步驟 20，將金、銀兩色糖珠以交錯方式放在白色巧克力上。

22 重複步驟 19-21，完成聖誕樹主體第三、四、五層的裝飾。（註：糖珠的顏色與位置，可依照個人喜好調整。）

23 如圖，聖誕樹裝飾完成。

24 以紅色巧克力擠在聖誕樹上做點綴。

25 最後，重複步驟 24，依序完成點綴即可。（註：點綴的位置與數量，可依照個人喜好調整。）

26 如圖，聖誕樹完成。

可愛熊貓

🌡 上火 160 度・下火 150 度
⏱ 烘烤約 13 ～ 15 分
👤 約 30 個

材料及工具
Materials & Tools

顏色 COLOR

麵糊
白色

巧克力
黑色、白色、粉紅色

器具 APPLIANCE

擠花袋、平口花嘴、烤焙布、烤盤、熊貓紙形、三明治袋

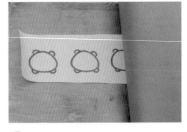

01 將熊貓紙形放在烤盤上，並以烤焙布覆蓋。

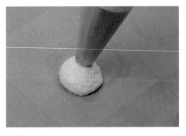

02 取白色麵糊，以平口花嘴依照輪廓，擠出熊貓頭部。

03 以白色麵糊擠出與頭部相連的耳朵。

04 重複步驟 3，擠出手部。

05 如圖，熊貓主體完成。

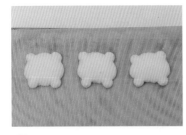

06 重複步驟 1-5，完成熊貓主體，並風乾至結皮，再放進烤箱烘烤後出爐，即完成熊貓馬卡龍殼。

07 在熊貓馬卡龍殼背面擠出內餡。（註：內餡做法請參考 P.111。）

08 承步驟 7，與另一個熊貓馬卡龍殼黏合。

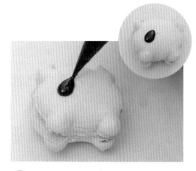

09 以黑色巧克力在熊貓左側臉部擠出水滴形，為眼窩。

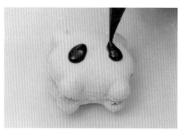

10 重複步驟 9，完成右側眼窩。

11 以黑色巧克力在眼窩中間擠出圓點，為鼻子。

12 以黑色巧克力在兩側耳朵擠出半圓形，為耳窩。

13 以黑色巧克力在左、右兩手位置擠出圓形。

14 以粉紅色巧克力在眼窩下側擠出圓形，為腮紅。

15 以白色巧克力在左側眼窩上擠出一點，為眼睛。（註：疊加的巧克力須等巧克力稍微凝固後再擠，以免巧克力融合。）

16 最後，重複步驟 15，完成右眼即可。

17 如圖，熊貓馬卡龍完成。

夢幻獨角獸

🌡 上火 160 度，下火 150 度
🕐 烘烤約 13～15 分
🍪 約 30 個

顏色 COLOR

麵糊
白色

巧克力
黑色、藍色、粉紅色、
黃色、綠色、紅色

器具 APPLIANCE

擠花袋、平口花嘴、烤
焙布、烤盤、獨角獸紙
形、三明治袋

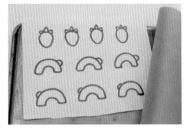

01 將獨角獸紙形放在烤盤上，並以烤焙布覆蓋。

02 取白色麵糊，以平口花嘴依照輪廓，擠出獨角獸頭部。

03 以白色麵糊依照輪廓，擠出與頭部相連的角。

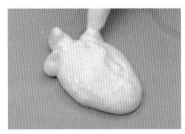

04 以白色麵糊依照輪廓，擠出兩側的耳朵。

05 以平口花嘴依照輪廓，擠出獨角獸身體。

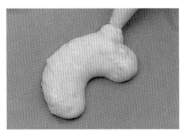

06 以白色麵糊依照輪廓，擠出獨角獸的尾巴（在右側）。

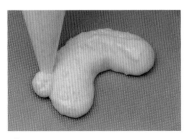

07 重複步驟 5-6，完成另外一個身體與尾巴（在左側）。

08 如圖，獨角獸主體完成。

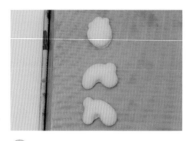

09 重複步驟 1-7，完成獨角
獸主體，並風乾至結皮，
再放進烤箱烘烤後出爐，
即完成獨角獸馬卡龍殼。

10 在獨角獸馬卡龍殼背面擠
出內餡。（註：內餡做法請
參考 P.111。）

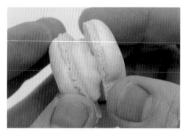

11 承步驟 10，與另一個獨角
獸馬卡龍殼黏合。

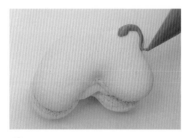

12 以紅色巧克力在尾巴邊緣
擠出弧形裝飾。

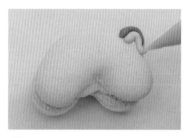

13 重複步驟 12，擠出藍色巧
克力。

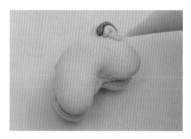

14 重複步驟 13，擠出黃色巧
克力。

15 如圖，尾巴裝飾完成。

16 重複步驟 12-14，完成另
一面尾巴裝飾。

17 如圖，身體裝飾完成。

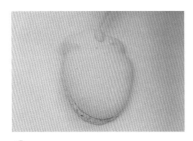

18 以黃色巧克力在尖角處，擠出水滴形，為獨角。

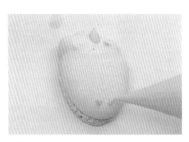

19 以黃色巧克力在頭部下側，擠出兩個鼻孔。

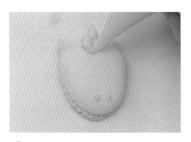

20 以黃色巧克力在獨角下側擠出 L 形鬃毛。

21 重複步驟 20，在右側擠出藍色巧克力。

22 重複步驟 20，擠出紅色巧克力。

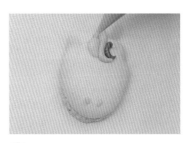

23 以綠色巧克力在獨角下側擠出圓點，為裝飾。

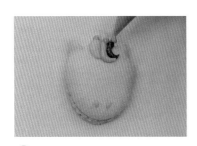

24 重複步驟 23，完成獨角裝飾。

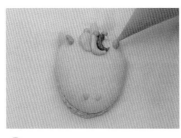

25 以粉紅色巧克力在耳朵的位置擠出水滴形，為耳窩。

26 以粉紅色巧克力在鼻孔上側擠出圓形，為腮紅。

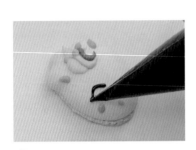
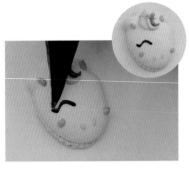
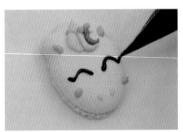

27 以黑色巧克力在臉部擠出弧形,為眼睛。

28 承步驟 27,在眼尾向上勾出短線,為睫毛。

29 重複步驟 27-28,完成右眼與睫毛。

30 以白色巧克力沿著粉紅色耳窩邊緣擠出倒 V 形,為耳朵。

31 重複步驟 30,完成右耳。

32 在身體前端擠出內餡。

33 最後,承步驟 32,將頭部與身體黏合即可。

34 如圖,夢幻獨角獸馬卡龍完成。

黃色小鴨洗澡去

🌡 上火 160 度，下火 150 度
⏱ 烘烤約 13 ～ 15 分
🍪 約 30 個

材料及工具
Materials & Tools

顏色 COLOR

麵糊
灰色、黃色

巧克力
黑色、粉紅色、白色、黃色

器具 APPLIANCE
擠花袋、平口花嘴、烤焙布、烤盤、小鴨和泳圈紙形、三明治袋

步驟說明 Step by step

：外殼造型步驟

01 將小鴨和泳圈紙形放在烤盤上，並以烤焙布覆蓋。

02 取灰色麵糊，以平口花嘴依照輪廓，擠出同心圓外層。

03 以平口花嘴依照輪廓，擠出圓形。

04 以黃色麵糊依照輪廓，擠出小鴨身體。

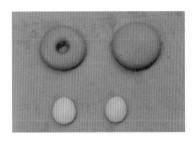

05 重複步驟 1-4，完成小鴨身體後，將小鴨身體與圓形、泳圈風乾至結皮，並放進烤箱烘烤後出爐，即完成小鴨、圓形、泳圈馬卡龍殼。

06 在泳圈馬卡龍殼背面擠出內餡。（註：內餡做法請參考 P.111。）

07 承步驟 6，與圓形馬卡龍殼黏合。

08 在小鴨身體背面擠出內餡。

09 承步驟 8，與小鴨身體馬卡龍殼黏合。

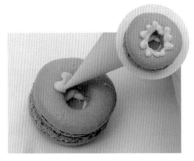

10 以藍色巧克力在澡盆邊緣，擠出波浪形水花。

11 趁巧克力未凝固，將小鴨身體直立放進泳圈凹洞裡。

12 以藍色巧克力在澡盆邊緣擠出水滴形，製造出噴濺水滴的效果。

13 以白色巧克力在小鴨頭部上側擠出弧形，為浴帽。

14 承步驟 13，以粉紅色巧克力在浴帽上擠出小圓點，為裝飾。（註：疊加的巧克力須等巧克力稍微凝固後再擠，以免巧克力融合。）

15 以粉紅色巧克力在臉部兩側擠出橢圓形，為腮紅。

16 以黃色巧克力在腮紅上側擠出橢圓形，為嘴巴。

17 最後，以黑色巧克力在鼻子兩側擠出圓形（為眼睛），即完成黃色小鴨洗澡去馬卡龍。

草莓小熊

🌡 上火 160 度,下火 150 度
🕐 烘烤約 13 ～ 15 分
👥 約 30 個

材料及工具

顏色 COLOR

麵糊
桃紅色

巧克力
黑色、綠色、紅色、淺
咖啡色、白色、粉紅色

器具 APPLIANCE
擠花袋、草莓紙形、烤
焙布、烤盤、三明治袋

：外殼造型步驟

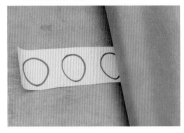

01 將草莓紙形放在烤盤上，
並以烤焙布覆蓋。

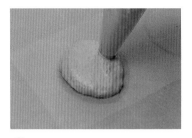

02 取桃紅色麵糊，以平口花
嘴依照輪廓，擠出草莓。

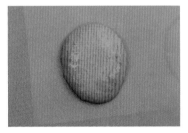

03 如圖，草莓主體完成。

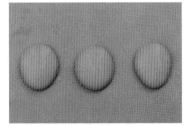

04 重複步驟 1-3，完成草莓主
體，並風乾至結皮，再放
進烤箱烘烤後出爐，即完
成草莓馬卡龍殼。

05 在草莓馬卡龍殼背面擠出
內餡。（註：內餡做法請參
考 P.111。）

06 承步驟 5，與另一個草莓
馬卡龍殼黏合。

07 以淺咖啡色巧克力擠在草
莓上半部，為小熊臉部。
（註：草莓寬處向上，尖處
向下。）

08 以淺咖啡色巧克力在臉部
左下側擠出圓形，為左手。

09 重複步驟 8，完成右手。

10 以淺咖啡色巧克力在手部下側擠出兩個圓形，為雙腳。

11 以淺咖啡色巧克力在頭部左上側擠出錐形，為左耳。

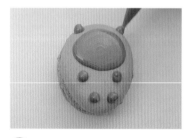

12 重複步驟 11，完成右耳。

13 以白色巧克力在草莓表面空白處，擠出水滴形，為種子。

14 重複步驟 13，依序添加種子。（註：種子的密度與位置，可依照個人喜好調整。）

15 如圖，種子完成。

16 以白色巧克力在小熊兩耳上擠出圓形，為耳窩。（註：疊加的巧克力須等巧克力稍微凝固後再擠，以免巧克力融合。）

17 以白色巧克力在臉部擠出圓形，為吻部。

18 以黑色巧克力在吻部兩側擠出圓形,為眼睛。

19 以黑色巧克力在吻部上方擠出圓形,為鼻子。

20 以粉紅色巧克力在左眼下側擠出圓形,為腮紅。

21 重複步驟 20,完成右側腮紅。

22 以綠色巧克力在頭部上側擠出錐形,為綠葉。

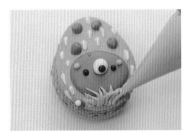

23 最後,重複步驟 22,依序擠出綠葉,並適時堆疊,使綠葉更自然即可。

24 如圖,草莓小熊馬卡龍完成。

白雪公主的蘋果

上火 160 度，下火 150 度

烘烤約 13 ～ 15 分

約 30 個

顏色 COLOR

麵糊
桃紅色

巧克力
綠色、咖啡色

器具 APPLIANCE

擠花袋、平口花嘴、烤焙布、烤盤、蘋果紙形、三明治袋

01 將蘋果紙形放在烤盤上，並以烤焙布覆蓋。

02 取桃紅色麵糊，以平口花嘴依照輪廓，擠出蘋果。

03 重複步驟 2，擠出右半邊的蘋果。

04 以桃紅色麵糊依照輪廓，擠出蒂頭。

05 如圖，蘋果主體完成。

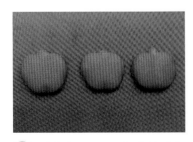

06 重複步驟 1-5，完成蘋果主體，並風乾至結皮，再放進烤箱烘烤後出爐，即完成蘋果馬卡龍殼。

07 在蘋果馬卡龍殼背面擠出內餡。（註：內餡做法請參考 P.111。）

08 承步驟 7，與另一個蘋果馬卡龍殼黏合。

09 如圖，蘋果馬卡龍主體黏
合完成。

10 以咖啡色巧克力在蘋果蒂
頭處擠出長條形葉梗。

11 如圖，葉梗完成。

12 以綠色巧克力在葉梗右側
擠出水滴形，為葉子。

13 最後，重複步驟 12，再擠
出一片葉子即可。

14 如圖，蘋果馬卡龍完成。

CHAPTER
03

療癒滿點！

懷舊中式小點
新創意

Chinese Dessert

蛋黃酥前置製作

01 | 油皮製作及調色方法

材料及工具 Ingredients & Tools

- 食材
  ① 中筋麵粉 110 克
  ② 水 50 克
  ③ 糖粉 7 克
  ④ 豬油 42 克

- 器具
  鋼盆、塑膠袋

調色 Tinting

原色　咖啡色　藍色

紅色　黃色　綠色

油皮製作
影片 QRcode

步驟說明 Step By Step

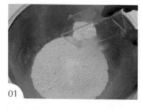
01

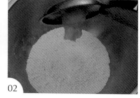
02

03

04

05

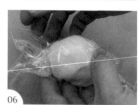
06

07

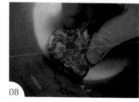
08

09

01 將糖粉倒入中筋麵粉中。

02 將豬油倒入中筋麵粉中。

03 將水倒入中筋麵粉。

04 將食材在鋼盆中攪拌均勻。

05 如圖，油皮完成。

06 若尚未要使用，則須以塑膠
袋覆蓋保存，避免結皮。

07 將色膏倒適量在油皮上。

08 最後，用手揉捏，使油皮顏
色分布均勻即可。

09 如圖，油皮染色完成。（註：
若要使用原色油皮，則可跳過
步驟 7-9。）

Tips

- 每份油皮 20g。

- 蛋黃酥的尺寸可以隨著包
裝或需求自行調整。

- 烘烤時須注意色澤，避免
過度上色，按壓有紮實感
即可。

- 油皮在操作過程中須以保
鮮膜或塑膠袋蓋好，避免
結皮。

- 天氣較熱時可將油皮的水
改成冰水。

02 | 油酥製作及調色方法

材料及工具 Ingredients & Tools

- 食材
  ① 低筋麵粉 75 克
  ② 豬油 30 克

- 器具
  鋼盆

調色 Tinting

原色　　紅色　　黃色

步驟說明 Step By Step

01

02

03

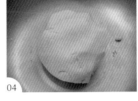
04

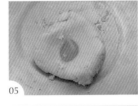
05

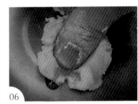
06

07

08

01 將豬油倒入低筋麵粉中。

02 將麵粉與豬油揉勻。

03 重複步驟 2，繼續將麵粉與豬油揉成團。

04 如圖，油酥完成。

05 將色膏倒適量在油酥上。

06 用手揉捏油酥，使顏色分布均勻。

07 最後，重複步驟 6，繼續揉捏油酥，讓顏色均勻即可。

08 如圖，油酥調色完成。
（註：若要使用原色油酥，則可跳過步驟 5-8。）

Tips

- 每份油酥 10g。
- 染色可依喜好調整濃淡，建議少量添加，覺得不夠深再增加用量。
- 色膏亦可使用色粉或是蔬菜粉替代（如：甜菜根粉、南瓜粉、抹茶粉）。

油酥製作
影片 QRcode

03 │ 內餡製作

材料及工具 Ingredients & Tools

· 食材
　① 豆沙餡 150 克
　② 鹹蛋黃 10 顆
　③ 米酒 30 克

步驟說明 Step By Step

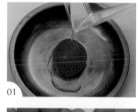

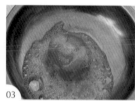
01　02　03

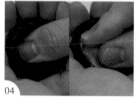

04　05　06

Tips

◆ 每份豆沙餡15g。

◆ 內餡可使用其他口味豆沙餡取代，變化出更多口味。

01　將 3g 米酒淋在蛋黃上，以去除腥味。

02　將烤箱溫度調至 170 ～ 180 度，將蛋黃烤至冒油泡，約 20 分鐘。

03　如圖，蛋黃烘烤完成。

04　將 15g 豆沙餡中央用拇指壓出凹洞，再放入蛋黃。

05　最後，用指腹將豆沙餡的開口向內收緊即可。

06　如圖，內餡完成。

04 │ 油皮包油酥方法

01　用指腹將油皮壓出凹洞後，放入油酥。

02　將油皮從邊緣往上收，以包住油酥。

03　最後，用指腹將油皮開口慢慢向內收合即可。

04　如圖，包酥完成。

01　02

03　04

Tips

◆ 皮包酥後或是擀捲鬆弛時，一定要蓋保鮮膜避免結皮。

05 │ 巧克力製作

調色 Tinting

 黑色　 紅色　○ 黃色

Tips

◆ 融化巧克力方法可參考 P.268；調色方法可參考 P.113。

熊寶寶

🌡 上火 170 度，下火 170 度

⏱ 烘烤約 25 ～ 30 分

👤 約 10 個

步驟説明
Step by step

油酥
原色

油皮
原色、咖啡色、藍色

巧克力
黑色、紅色

雕塑工具組、油紙、擀
麵棍、三明治袋

01 將原色油酥搓圓,及將咖啡色油皮壓扁。

02 將原色油酥放進咖啡色油皮中,並用指腹將開口捏合,即完成麵團。

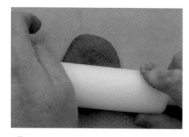

03 以擀麵棍將麵團擀平。

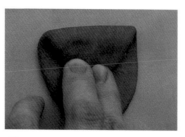

04 將擀平的麵團由上往中間摺。

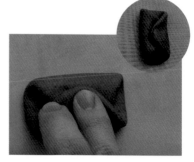

05 重複步驟4,將擀平的麵團由下往中間摺。

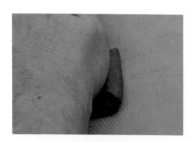

06 用手掌壓扁麵團。

07 將麵團轉90度,以擀麵棍將麵團擀平。

08 將擀平的麵團往內捲。

09 如圖，麵團捲起完成，鬆弛 10～15 分。

10 用手掌壓扁捲起的麵團後，以擀麵棍擀平。

11 取內餡，放在擀平的麵團上。（註：內餡製作方法，請參考 P.150。）

12 用指腹邊將內餡往內壓，邊將麵團向上推，以包覆內餡。

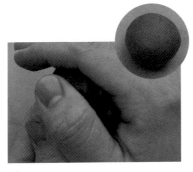

13 用大拇指和食指將開口捏緊後，將麵團搓成圓形，為熊寶寶主體。

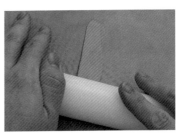

14 以擀麵棍將藍色油皮擀成長條狀，為衣服。

15 將衣服圍在熊寶寶主體的下半部，並用指腹輕壓固定。

16 用指腹將原色油皮搓成橢圓形，為吻部。

17 用食指指腹沾取少許的水，塗在吻部欲放置的位置，以加強後續固定。

18 承步驟 17，將吻部放在沾水處，並用指腹輕按固定。

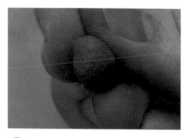

19 用指腹將咖啡色油皮搓成圓形，為耳朵。

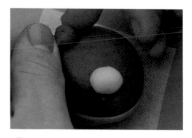

20 先在欲放置耳朵處沾上少許水後，將左耳固定在熊寶寶主體上。

21 重複步驟 20，完成右耳。

22 重複步驟 20-21，完成熊寶寶的手部，並固定在吻部兩側。

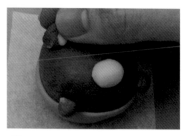

23 用指腹將原色油皮搓成圓形，並放在耳朵中央，用指腹輕壓固定，為耳窩。

24 重複步驟 23，完成右側耳窩。

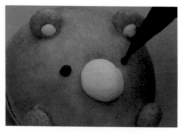

25 待烘烤放涼後，以黑色巧克力在吻部兩側分別擠出兩個圓形，為眼睛。

26 以黑色巧克力在雙眼上側擠出斜線，為眉毛。

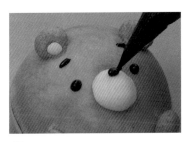

27 以黑色巧克力在吻部上方擠出圓形，為鼻子。

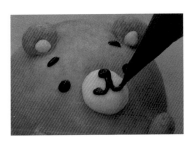

28 承步驟 27，在鼻子下側擠出 w 形，為嘴巴。

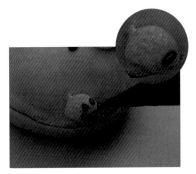

29 以黑色巧克力在熊寶寶手部擠出橢圓形後，再擠出四個圓點，即完成熊掌。

30 重複步驟 29，完成右手手掌。

31 以黑色巧克力在衣服中間擠出兩個圓形，為釦子。

32 以紅色巧克力在衣服上側擠出三角形，為左側緞帶。

33 重複步驟 32，完成右側緞帶。

34 最後，以紅色巧克力在緞帶中間擠出圓形（為領結）即可。

35 如圖，熊寶寶完成。

貓咪

🌡 上火 170 度，下火 170 度
⏱ 烘烤約 25 ～ 30 分
👥 約 10 個

顏色 COLOR

油酥
原色

油皮
原色、咖啡色、紅色

巧克力
黑色、紅色

器具 APPLIANCE

油紙、擀麵棍、三明治袋

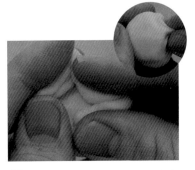

01 將原色油酥搓圓，及將原色油皮壓扁。

02 將原色油酥放進原色油皮中，並用指腹將開口捏合，即完成麵團。

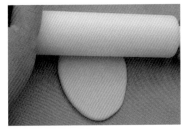

03 先用手將麵團壓扁後，以擀麵棍將麵團擀平。

04 將擀平的麵團由下往中間摺。

05 重複步驟4，將擀平的麵團由下往中間摺。

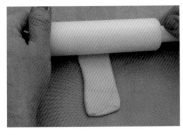

06 將麵團轉 90 度，以擀麵棍將麵團擀平。

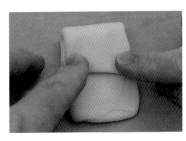

07 將擀平的麵團往內捲。

08 如圖，麵團捲起完成，鬆弛 10 ～ 15 分。

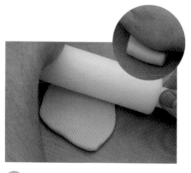

09 用手掌壓扁捲起的麵團後，以擀麵棍擀平。

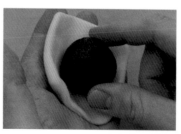

10 取內餡，放在擀平的麵團上。（註：內餡製作方法，請參考 P.150。）

11 用指腹邊將內餡往內壓，邊將麵團向上推，以包覆內餡。

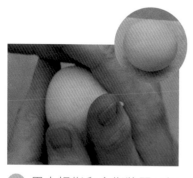

12 用大拇指和食指將開口捏緊後，將麵團搓成圓形，為貓咪主體。

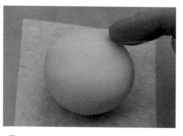

13 用指腹沾取少許的水，塗在貓咪主體兩側，為耳朵位置。

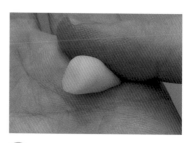

14 用指腹將原色油皮搓成三角錐形，為耳朵。

15 將耳朵放在已沾水處，並用指腹輕壓固定，為左耳。

16 重複步驟 14-15，完成右耳製作。

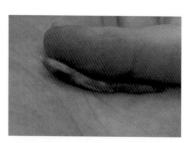

17 用指腹將咖啡色油皮搓成長條形，為貓咪斑紋。

18 在欲放置斑紋處沾少許水。

19 將咖啡色長條形斑紋放在已沾水處，並用指腹輕壓固定。

20 重複步驟 18-19，完成另外兩條斑紋。

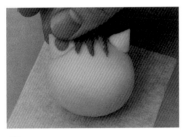
21 用指腹將紅色油皮搓成水滴形，並用指腹輕壓固定在耳朵中央，為耳窩。

22 重複步驟 21，完成右側耳窩。

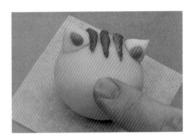
23 在欲放置吻部處沾少許水。

24 取已搓成圓形的原色油皮，放在步驟 23 沾水處，並用指腹輕壓固定，即完成吻部。

25 在欲放置手部處沾少許水。

26 取已搓成圓形的原色油皮，放在步驟 25 沾水處，並用指腹輕壓固定，即完成手部。

27 待烘烤放涼後，以紅色巧克力在貓咪臉部左側擠出腮紅。

28 重複步驟 27，完成右側腮紅。

29 以黑色巧克力在貓咪手部各擠出兩隻爪子。

30 以黑色巧克力在吻部左上側擠出圓形，為左眼。

31 重複步驟 30，完成右眼製作。

32 最後，以黑色巧克力在吻部上方擠出圓形（為鼻子）即可。

33 如圖，貓咪完成。

小豬

🌡 上火 170 度，下火 170 度
⏱ 烘烤約 25～30 分
👤 約 10 個

材料及工具
Materials & Tools

~~顏色 COLOR~~

油酥　**油皮**
原色　　紅色、原色

巧克力
黑色、紅色、黃色

~~器具 APPLIANCE~~

油紙、擀麵棍、三明治袋

01 將原色油酥搓圓，及將紅色油皮壓扁。

02 將原色油酥放進紅色油皮中，並用指腹將開口捏合，即完成麵團。

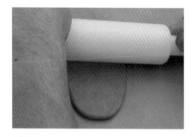

03 先用手將麵團壓扁後，以擀麵棍將麵團擀平。

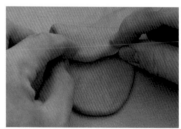

04 將擀平的麵團由下往中間摺。

05 重複步驟 4，將擀平的麵團由下往中間摺。

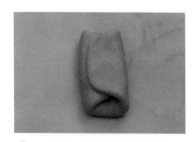

06 如圖，麵團摺疊完成。

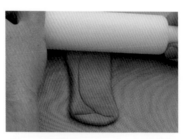

07 將麵團轉 90 度，以擀麵棍將麵團擀平。

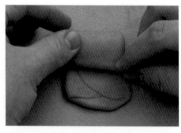

08 將擀平的麵團往內捲。

09 如圖，麵團捲起完成，鬆弛 10 ～ 15 分。

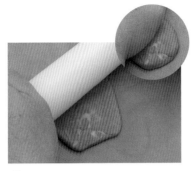

10 用手掌壓扁捲起的麵團後，以擀麵棍擀平。

11 取內餡，放在擀平的麵團上。（註：內餡製作方法，請參考 P.150。）

12 用指腹邊將內餡往內壓，邊將麵團向上推，以包覆內餡。

13 用大拇指和食指將開口捏緊後，將麵團搓成圓形，為小豬主體。

14 用指腹沾取少許的水，塗在小豬主體頂端，以加強後續固定。

15 用指腹將原色油皮搓成橢圓形後放在沾水處，並用指腹輕按固定，為小雞身體。

16 在欲放置鼻子處沾少許水。

17 將搓成橢圓形的紅色油皮放在沾水處，並用指腹輕壓固定，為鼻子。

18 以雕塑工具在鼻子上戳兩個洞,為鼻孔。

19 用指腹沾取少許的水,塗在小豬主體左右兩側,為雙手的位置。

20 將搓成圓形的紅色油皮放在左側沾水處,並用指腹輕壓固定。

21 重複步驟 20,完成右手製作。

22 用指腹將紅色油皮搓揉成水滴形,為耳朵。

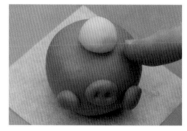

23 用食指指腹沾取少許的水,塗在小豬主體右上側,為耳朵的位置。

24 承步驟 23,將耳朵放在沾水處,並用指腹輕壓固定。

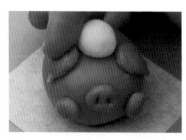

25 重複步驟 23-24,完成左耳製作。

26 待烘烤放涼後,以紅色巧克力在小豬鼻子右下側擠出圓形,為舌頭。

27 如圖，舌頭完成。

28 以紅色巧克力在小雞中央擠出水滴形，為肉髯。

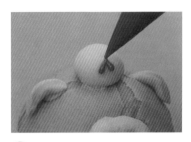

29 重複步驟 28，完成另一個肉髯。

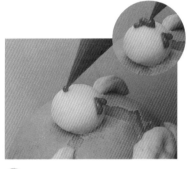

30 以紅色巧克力在小雞頂端，擠出三個圓形並堆疊，為雞冠。

31 如圖，雞冠完成。

32 以黑色巧克力在小雞肉髯上方擠出橢圓形，為嘴巴底部紋路。

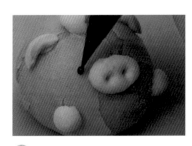

33 以黑色巧克力在小豬鼻子左上側擠出圓形，為眼睛。

34 重複步驟 33，完成右眼。

35 以黑色巧克力在小豬雙眼上側擠出斜線，為眉毛。

㊱ 如圖，眉毛完成。

㊲ 以黑色巧克力在小雞嘴巴底部紋路兩側分別擠出圓形，為眼睛。

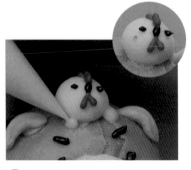

㊳ 以黃色巧克力在小雞身體兩側各擠出圓形，為雞腳。

㊴ 如圖，雞腳完成。

㊵ 以黃色巧克力在小雞嘴巴底部紋路上擠出圓形，為嘴巴。

㊶ 如圖，嘴巴完成。

㊷ 最後，以黑色巧克力在小豬手部前端拉擠出兩個錐形的蹄即可。

㊸ 如圖，小豬完成。

西洋梨

🌡 上火 170 度，下火 170 度

⏱ 烘烤約 25 ～ 30 分

👤 約 10 個

步驟說明 Step by step

油酥
黃色

油皮
黃色、咖啡色、綠色

雕塑工具組、油紙、擀麵棍

01 將黃色油酥搓圓,及將黃油皮壓扁。(註:此油皮、油酥重量比是一般的 2 倍 =40g:20g。)

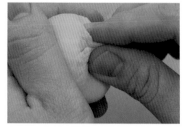

02 將黃色油酥放進黃色油皮中,並用指腹將開口捏合,即完成麵團。

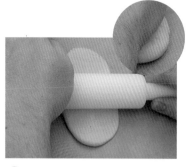

03 先用手將麵團壓扁後,以擀麵棍將麵團擀平。

04 將擀平的麵團捲起,鬆弛 10 ～ 15 分。

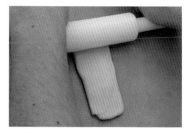

05 將麵團轉 90 度,先用手將麵團壓扁後,再以擀麵棍將麵團擀平。

06 將擀平的麵團往內捲。

07 如圖,麵團捲起完成,鬆弛 10 ～ 15 分。

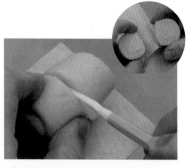

08 以雕塑工具將麵團對切。

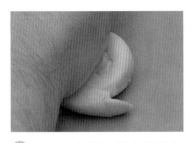 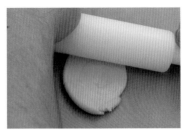 

09 取 1/2 麵團，將有紋路的面朝上，並用手掌壓扁。

10 以擀麵棍將麵團擀平。

11 麵團擀平後，用指腹將麵團往內凹，為西洋梨皮。

 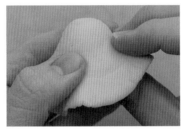 

12 在西洋梨皮背面，放入7.5g的內餡。（註：內餡製作方法，請參考 P.150。）

13 承步驟 12，用指腹將內餡往凹處推，以做出西洋梨的曲線。

14 另取 7.5g 的餡包入蛋黃後，放在 7.5g 內餡下方。

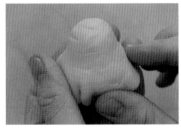  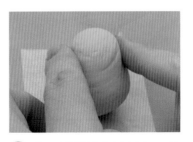

15 承步驟 14，將內餡包起來後，取西洋梨皮往內包覆。

16 用大拇指和食指將西洋梨皮底部收口捏緊。

17 將西洋梨放在油紙上，並用食指指腹調整形狀，即完成西洋梨主體。

18 用指腹將咖啡色油皮搓成長條形，為葉梗。

19 以雕塑工具在西洋梨主體頂端戳一個洞，為葉梗位置。

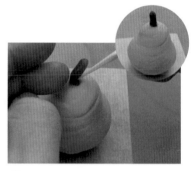

20 在葉梗位置塗抹少許水後，以雕塑工具為輔助，放入葉梗並輕壓固定。

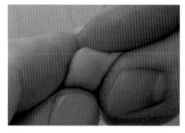

21 用指腹將綠色油皮捏成菱形，為葉子。

22 以雕塑工具在葉子中間壓出葉梗。

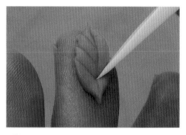

23 以雕塑工具在葉梗兩側，壓出葉脈。

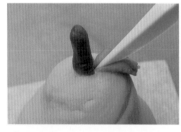

24 最後，在西洋梨主體右側塗抹少許水後，以雕塑工具為輔助，將葉子輕壓固定即可。

25 如圖，西洋梨完成。

紅蘋果

上火 170 度，下火 170 度

烘烤約 25 ～ 30 分

約 10 個

- 顏色 COLOR -

油酥
紅色

油皮
紅色、咖啡色、綠色

器具 APPLIANCE

雕塑工具組、油紙、擀麵棍

01 將紅色油酥搓圓,及將紅油皮壓扁。(註:此油皮、油酥重量比是一般的2倍=40g:20g。)

02 將紅色油酥放進紅色油皮中,並用指腹將開口捏合,即完成麵團。

03 先用手將麵團壓扁後,以擀麵棍將麵團擀平。

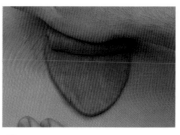

04 將麵團擀平後,由上往下往中間捲。

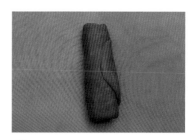

05 將擀平的麵團捲起,鬆弛10～15分。

06 將麵團轉90度後,用手將麵團壓扁,再以擀麵棍將麵團擀平。

07 將擀平的麵團往內捲。

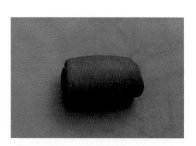

08 如圖,麵團捲起完成,鬆弛10～15分。

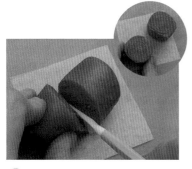

09 以雕塑工具將麵團對切。

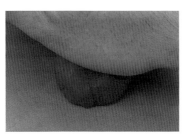

10 取 1/2 麵團，將有紋路的面朝上，並用手掌壓扁。

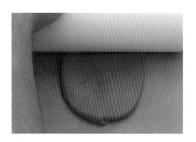

11 以擀麵棍將麵團擀平。

12 將麵團擀平後，用指腹將麵團往內凹，為蘋果皮。

13 在蘋果皮背面放入內餡。（註：內餡製作方法，請參考 P.150。）

14 承步驟 13，用指腹將內餡往凹處推，以固定位置。

15 用大拇指和食指將開口捏緊。

16 將蘋果放在油紙上，並用食指指腹調整形狀，完成蘋果主體。

17 以雕塑工具在蘋果主體頂端戳一個洞，為葉梗位置。

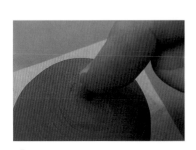

18 承步驟 17，用食指指腹沾取少許的水，塗在戳洞上。

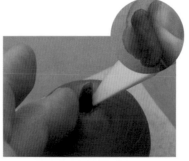

19 以雕塑工具為輔助，放入搓成長條形的咖啡色葉梗並輕壓固定。

20 如圖，葉梗完成。

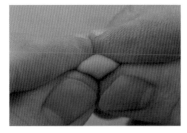

21 用指腹將綠色油皮捏成菱形，為葉子。

22 以雕塑工具在葉子中間壓出葉梗。

23 以雕塑工具在葉梗兩側，壓出葉脈。

24 在蘋果主體右側塗抹少許水後，將葉子放在已沾水處。

25 最後，承步驟 24，以雕塑工具將葉子輕壓固定即可。

26 如圖，蘋果完成。

一口酥前置製作

Tiny Crispy Cookies Preparation

01 | 麵團製作

材料及工具 Ingredients & Tools

· 食材

① 高筋麵粉 250 克
② 糖粉 60 克
③ 奶粉 60 克
④ 鹽 2 克
⑤ 發酵奶油 150 克
⑥ 全蛋 50 克

· 器具

電動攪拌機、刮刀、篩網

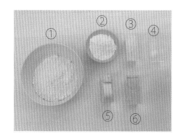

步驟說明 Step By Step

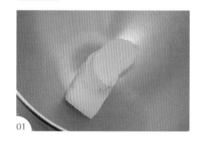
01

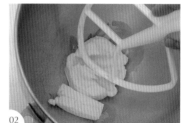
02

03

04

05

06

01 取發酵奶油倒入攪拌缸中。

02 將發酵奶油放在室溫下軟化。（註：手指或槳狀拌打器可下壓之軟硬度。）

03 將攪拌器裝上電動攪拌機，並固定攪拌缸。

04 將電動攪拌機左側開關打開，以低速打散發酵奶油。

05 重複步驟 4，繼續將發酵奶油打散。

06 發酵奶油打散後，將電動攪拌機暫停，備用。

麵團製作
影片 QRcode

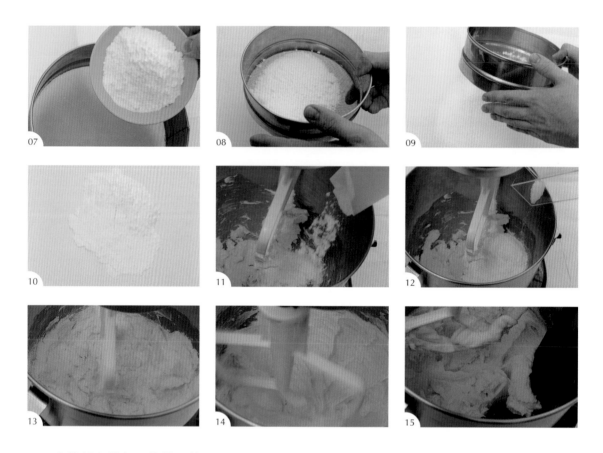

07 取糖粉和篩網，準備過篩。

08 將糖粉倒進篩網後，將糖粉篩在紙上。

09 重複步驟 8，持續將糖粉過篩。（註：過篩時可用手指按壓結塊或顆粒較大的糖粉。）

10 如圖，糖粉過篩完成。

11 將過篩好的糖粉倒入攪拌缸中。

12 加入鹽巴。

13 將電動攪拌機打開，以中低速攪拌發酵奶油、糖粉、鹽。

14 重複步驟 13，繼續攪拌發酵奶油與糖粉至均勻。

15 承步驟 14，打至發酵奶油差不多膨發後，關閉電動攪拌機，並以刮刀刮起少量發酵奶油，以確認發酵奶油狀態。

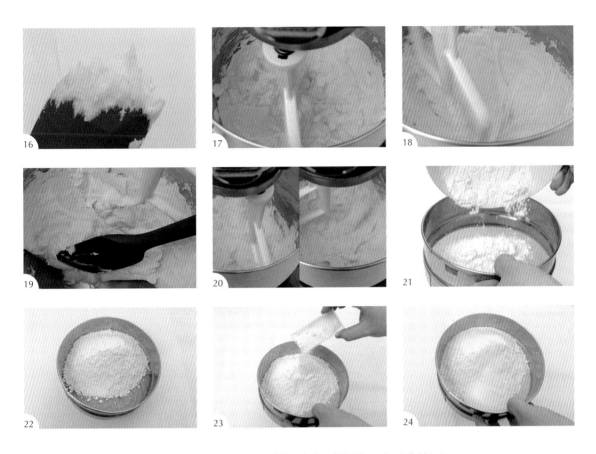

16 如圖,發酵奶油打發完成,須打至發酵奶油表面蓬鬆,且不會滴下。

17 將電動攪拌機開啟,並加入 1/3 的蛋液。

18 承步驟 17,繼續攪拌發酵奶油與蛋液。

19 攪拌至蛋液與發酵奶油混合後,以刮刀將攪拌缸兩側發酵奶油糊刮下。

20 重複步驟 17-19,將剩下的蛋液分兩次倒進攪拌缸,攪拌均勻。

21 將低筋麵粉倒入篩網中。

22 如圖,低筋麵粉倒入完成。

23 取奶粉倒入篩網中。

24 如圖,奶粉倒入篩網完成。

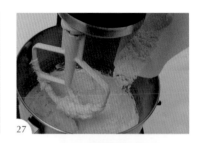

25 將麵粉與奶粉篩在紙上。

26 如圖，麵粉與奶粉過篩完成。

27 將電動攪拌機暫停，並將過篩後的麵粉與奶粉倒入攪拌缸中。

28 如圖，麵粉與奶粉倒入完成。

29 最後，將電動攪拌機打開，以低速先將粉類稍微打勻後，轉中低速打成團即可。

30 如圖，麵團完成。

Tips

◆ 發酵奶油須室溫回軟、請勿融化。

◆ 雞蛋分次加入，避免油水分離。

◆ 一口酥的尺寸可以隨著包裝或需求自行調整。

◆ 烘烤時須注意色澤，避免過度上色，按壓有紮實感即可。

02 | 調色方法

步驟說明 Step By Step

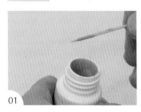

01 以牙籤沾取少量色膏。

02 將色膏沾在麵團上。

03 將麵團沾有色膏的部分和其他部分揉捏混合。

04 重複步驟 3，持續揉捏麵團，使顏色染上整個麵團。

05 最後，麵團大致染色後，將麵團對折並以手掌壓扁，使顏色更均勻即可。

06 如圖，麵團調色完成。

調色 Tinting

咖啡色　橘色　綠色

黑色　黃色　粉紅色

Tips

◆ 染色可依喜好調整濃淡，建議少量添加，覺得不夠深再增加用量。

◆ 色膏亦可使用色粉或是蔬菜粉替代（如：甜菜根粉、南瓜粉、抹茶粉）。

03 │ 包餡方法

01 取 20g 麵團，並用指腹將麵團壓出凹槽。

02 承步驟 2，取 5g 紅豆沙餡，放入凹槽中。

03 承步驟 2，將麵團從邊緣往上收，以包住內餡。

04 最後，用指腹將麵團開口慢慢向內收緊即可。

Tips

◆ 內餡亦可使用其他口味豆沙餡取代，變化出更多口味。

大吉大利橘子酥

上火 180 度，下火 130 度
烘烤約 20～25 分
約 25 個

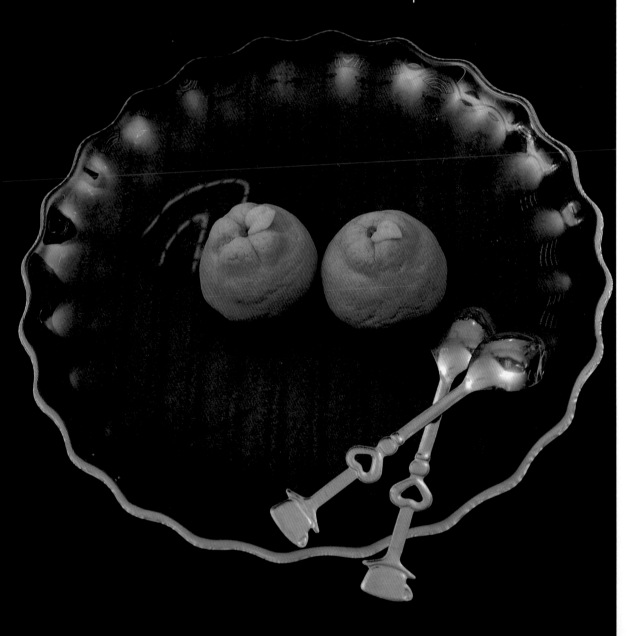

材料及工具
Materials & Tools

顏色 COLOR
橘色、咖啡色、綠色

器具 APPLIANCE
雕塑工具組、塑膠袋或
保鮮膜（墊底用）

Step by step
步驟說明

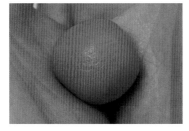

01 取已包餡橘色麵團，用掌心搓成圓形。（註：包餡方法請參考 P.179。）

02 用指腹將圓形一端向上捏，捏出橘子頭。

03 重複步驟 2，繼續捏出橘子頭，並用指腹調整上拉麵團時產生裂痕。

04 如圖，橘子塑形完成。

05 以雕塑工具從橘子頭的中心，壓出放射狀線條，為橘皮的皺褶。

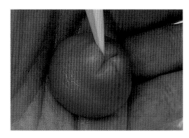

06 重複步驟 5，繼續以雕塑工具壓出橘皮皺褶。

07 如圖，橘皮皺褶完成。

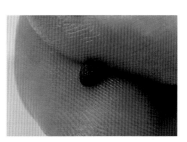

08 取咖啡色麵團，用指腹將咖啡色麵團搓成圓形，為蒂頭。

09 承步驟 8，用指腹將蒂頭放上橘皮皺褶的中心點。

10 承步驟 9，用指腹輕壓固定。

11 如圖，蒂頭完成。

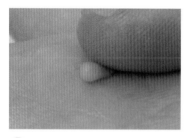

12 取綠色麵團，用指腹將綠色麵團搓成水滴形，為葉子。

13 用指腹將葉子放在蒂頭側邊，並輕壓固定。

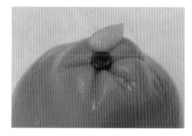

14 如圖，葉子完成。

15 以雕塑工具在葉子中間輕壓出葉脈。

16 如圖，橘子完成。

17 最後，將橘子放上烤盤即可。

旺旺來小鳳梨

- 🌡 上火 180 度，下火 130 度
- ⏱ 烘烤約 20 ～ 25 分
- 👥 約 25 個

材料及工具

Materials & Tools

~~顏色~~ COLOR

黃色、綠色

~~器具~~ APPLIANCE

雕塑工具組、塑膠袋或
保鮮膜（墊底用）

步驟說明 *Step by step*

01 取已包餡黃色麵團，用掌
心搓成圓形。（註：包餡方
法請參考 P.179。）

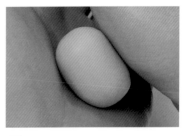

02 承步驟 1，將黃色麵團搓
成圓柱形。

03 將雕塑工具反拿，由下往
上在圓柱形麵團表面壓出
斜線紋路。

04 重複步驟 3，將圓柱形麵
團表面壓出斜線紋路。

05 承步驟 4，在圓柱形麵團
表面壓出反向斜線。

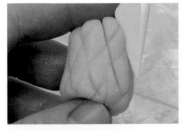

06 重複步驟 5，繼續將圓柱
形麵團壓出反向斜線，交
錯成菱格紋。

07 用指腹將圓柱形麵團頂端
往下壓凹。

08 如圖，鳳梨主體完成。

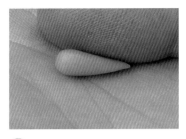

09 取綠色麵團，用指腹將綠色麵團搓成水滴形，為鳳梨尾葉。

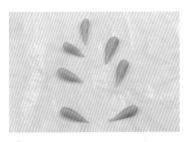

10 重複步驟 9，共完成 7 片尾葉，為 a1 ～ a7。

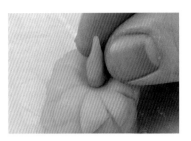

11 取尾葉 a1，放在鳳梨主體凹陷處中央，並用指腹輕壓固定。

12 重複步驟 11，依序將尾葉 a2 ～ a5 沿著 a1 擺放。（註：將尾葉尖端向外彎，會更自然。）

13 如圖，a1 ～ a5 尾葉擺放完成。

14 重複步驟 12，將尾葉 a6、a7 放上鳳梨主體。

15 用指腹輕輕調整尾葉的彎度。

16 如圖，鳳梨完成。

17 最後，將鳳梨放上烤盤即可。

甜蜜蜜水蜜桃

上火 180 度，下火 130 度

烘烤約 20 ～ 25 分

約 25 個

186

顏色 COLOR
粉紅色、綠色

器具 APPLIANCE
雕塑工具組、塑膠袋或
保鮮膜（墊底用）

步驟說明
Step by step

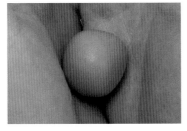

01 取已包餡粉紅色麵團，用掌心搓成圓形。（註：包餡方法請參考 P.179。）

02 承步驟 1，將麵團搓成水滴形。

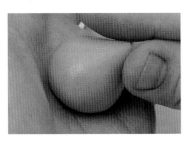

03 用指腹將水滴形尖端向上捏，為桃子主體。

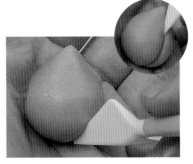

04 以雕塑工具由下往上，在桃子主體側邊壓出一條裂縫。

05 如圖，裂縫完成。

06 用指腹將綠色麵團搓成水滴形，為葉子。

07 承步驟 6，用拇指指腹將水滴狀麵團壓扁，為葉子a1。

08 如圖，葉子 a1 完成。

09 將葉子 a1 放在桃子右下方，並用指腹輕壓固定。

10 重複步驟 6-9，將葉子 a2 固定在桃子左下方。

11 如圖，葉子完成。

12 以雕塑工具在葉子 a1 上壓出葉梗。

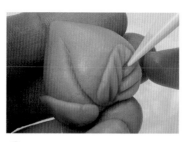

13 承步驟 12，在葉梗的兩側，壓出葉脈。

14 重複步驟 12，完成葉子 a2 的葉梗製作。

15 重複步驟 13，完成葉子 a2 的葉脈製作。

16 如圖，水蜜桃完成。

17 最後，將水蜜桃放上烤盤即可。

柿柿如意小柿子

上火 180 度，下火 130 度

烘烤約 20 ～ 25 分

約 25 個

Step by step
步驟說明

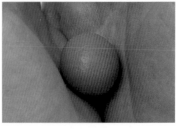

01 取已包餡橘色麵團，用掌心搓成圓形。（註：包餡方法請參考 P.179。）

02 承步驟 1，將麵團捏成正方體。

03 用指腹將正方體頂端往下壓凹。

04 承步驟 3，用食指側面輕推正方體右側，使邊緣往內凹。

05 承步驟 4，邊旋轉麵團，邊以食指側面將邊緣往內推凹。

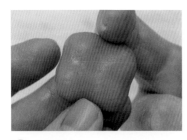

06 重複步驟 5，將四面往內推凹。

07 如圖，柿子主體完成。

08 用指腹將綠色麵團搓成圓形。

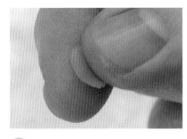

09 承步驟 8，用指腹將麵團壓扁，為葉子。

10 用指腹將葉子的前端捏尖。

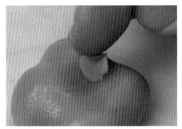

11 將葉子放在柿子頂端。

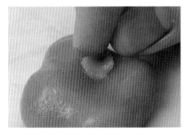

12 用指腹將葉子輕壓固定。

13 重複步驟 8-12，完成另外三片葉子。

14 用指腹將咖啡色麵團搓成長條形，為葉梗。

15 將葉梗放在葉子中央，並用指腹輕壓固定。

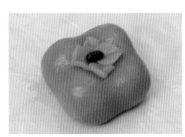

16 如圖，柿子完成。

17 最後，將柿子放上烤盤即可。

炎炎夏日來個西瓜吧

上火 180 度，下火 130 度

烘烤約 20～25 分

約 25 個

步驟說明 Step by step

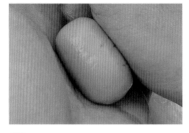

01 取已包餡綠色麵團，用掌心搓成橢圓形，即完成西瓜主體。（註：包餡方法請參考 P.179。）

02 取黑色麵團，用指腹將麵團搓成長條形。

03 承步驟 2，將黑色長條形麵團一端先固定。

04 將麵團以波浪形放在西瓜主體上，並用指腹輕壓固定，為西瓜紋路。

05 重複步驟 3-4，製作西瓜紋路。

06 重複步驟 3-5，製作西瓜紋路。

07 用手掌輕搓西瓜，使紋路與西瓜主體黏合，並使表面更平整。

08 最後，將西瓜放上烤盤即可。

鳳梨酥前置製作

Pineapple Cakes Preparation

01 | 麵團製作

材料及工具 Ingredients & Tools

- 食材
  ① 低筋麵粉 250 克
  ② 糖粉 80 克
  ③ 奶粉 30 克
  ④ 發酵奶油 100 克
  ⑤ 全蛋 60 克

- 器具
  電動攪拌機、刮刀、篩網

步驟說明 Step By Step

01

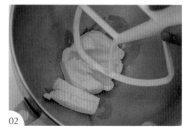
02

03

04

01 取發酵奶油倒入攪拌缸中。

02 將發酵奶油放在室溫下軟化。（註：手指或槳狀拌打器可下壓之軟硬度。）

03 以低速打散發酵奶油。

04 將糖粉倒入篩網中,並將糖粉篩在紙上。

05 重複步驟 4,持續將糖粉過篩。（註:過篩時可用手指按壓結塊或顆粒較大的糖粉。）

06 如圖,糖粉過篩完成。

07 將過篩的糖粉倒入攪拌缸中。

08 如圖,糖粉添加完成。

麵團製作
影片 QRcode

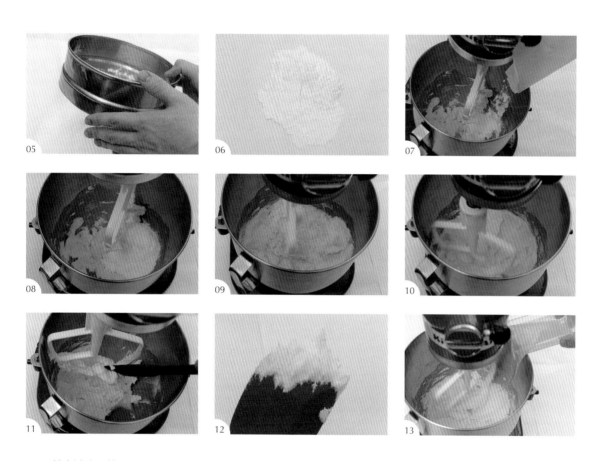

09　糖粉倒入後，再將電動攪拌機打開，以中低速攪拌發酵奶油與糖粉。

10　重複步驟 9，攪拌至發酵奶油與糖粉至打發。

11　承步驟 10，打至發酵奶油差不多膨發後，關閉電動攪拌機，並以刮刀刮起少量發酵奶油，
　　以確認發酵奶油狀態。

12　如圖，發酵奶油打發完成，須打至發酵奶油表面蓬鬆，且不會滴下。

13　將電動攪拌機開啟，並加入 1/3 的蛋液。

14 承步驟 13，繼續攪拌發酵奶油與蛋液。

15 攪拌至蛋液與發酵奶油混合後，以刮刀將攪拌缸兩側發酵奶油糊刮下。

16 重複步驟 13-15，將剩下的蛋液分兩次倒進攪拌缸中，攪拌均勻。

17 將低筋麵粉倒入篩網中。

18 如圖，低筋麵粉倒入完成。

19 將奶粉倒入篩網中。

20 如圖，奶粉倒入完成。

21 將麵粉與奶粉篩在紙上。

23

24

25

26

27

22 重複步驟 21，持續將麵粉與奶粉過篩。（註：過篩時可用手指按壓結塊或顆粒較大的麵粉或奶粉。）

23 如圖，麵粉與奶粉過篩完成。

24 將電動攪拌機暫停，並將過篩後的麵粉與奶粉倒入攪拌缸中。

25 如圖，麵粉與奶粉倒入完成。

26 將電動攪拌機打開，以低速先將粉類稍微打勻後，轉中低速打成團。

27 如圖，麵團完成。

Tips

◆ 發酵奶油須室溫回軟、請勿融化。

◆ 雞蛋分次加入，避免油水分離。

◆ 染色可依喜好調整濃淡，建議少量添加，覺得不夠深再增加用量。

◆ 色膏亦可使用色粉或是蔬菜粉替代（如：甜菜根粉、南瓜粉、紫薯粉）。

◆ 烘烤時須注意色澤，避免過度上色，按壓有紮實感即可。

◆ 製作造型時如果配件容易掉落，亦可沾水或蛋白加強黏著。

02 | 調色方法

   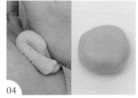

01   以牙籤沾取少量色膏。

02   將色膏沾在麵團上。

03   將麵團與色膏揉捏混合。

04   最後，重複步驟 3，持續揉捏麵團，直至麵團顏色均勻即可。

調色 Tinting

原色　　黑色　　綠色　　黃色　　紅色　　橘色　　咖啡色　粉紅色

03 | 包餡方法

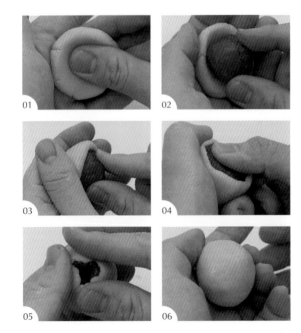

01   取 30g 麵團，並用指腹將麵團壓出凹槽。

02   承步驟 2，取 20g 鳳梨餡，放入凹槽中。
（註：內餡可使用其他口味水果餡取代，變化出更多口味。）

03   用指腹邊將內餡往內壓，邊將麵團向上推，以包覆內餡。

04   承步驟 3，將麵團從邊緣往上收，以包住內餡。

05   用指腹將麵團開口慢慢向內收合。

06   最後，重複步驟 5，繼續將麵團開口收合即可。

04 | 模具使用及脫模方法

◆ 放入模具方法

01 用掌心將 20g 鳳梨餡搓成圓柱形。

02 承步驟 1，將鳳梨餡放在 30g 麵團上。

03 用指腹邊將內餡往內壓，邊將麵團向上推，以包覆內餡。

04 承步驟 3，將麵團從邊緣往上收，以包住內餡。

05 如圖，鳳梨餡收合完成，為圓柱形。

06 將圓柱形麵團放進墊有油紙的鳳梨酥模內。

07 承步驟 6，用手掌將麵團壓平，以填滿鳳梨酥模。

08 最後，承步驟 7，把麵團在鳳梨酥模中壓平之後，再取下油紙即可。

◆ 脫模方法

01 鳳梨酥烘焙完成後，放涼。

02 用食指輕推出鳳梨酥。

03 如圖，脫模完成。

小狗酥

🌡 上火 180 度，下火 130 度
⏱ 烘烤約 20 ～ 25 分
🧍 約 12 顆

小狗酥

棕紋狗

材料 & 工具
Materials Tools

顏色
Color
原色、咖啡色、粉紅色、黑色、紅色

器具
Appliance
雕塑工具組、油紙、鳳梨酥模

步驟說明
Step By Step

01 取放入已包入餡料的麵團，並壓入鳳梨酥模中。（註：平整面須朝上；包餡方法請參考 P.199。）

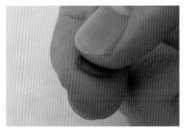

02 取咖啡色麵團，用指腹將麵團揉成圓形後壓扁。

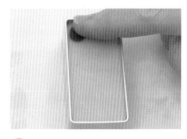

03 承步驟 2，將壓扁的麵團放在身體的左上角，為斑紋。（註：斑紋位置、密度與大小，可依個人喜好調整。）

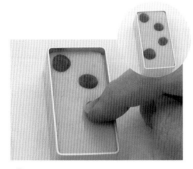

04 重複步驟 2-3，依序在鳳梨酥表面加上斑紋。

05 用指腹將原色麵團搓成圓形，放在身體上半部，並用指腹輕壓固定，為吻部。

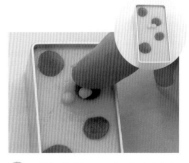

06 重複步驟 5，完成右側吻部。

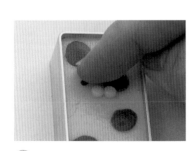

07 用指腹將黑色麵團搓成圓形後，放在鼻子左側，並用指腹輕壓固定，為左眼。

08 重複步驟 7，完成右眼。

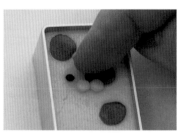

09 用指腹將黑色麵團搓成圓形，放在吻部上方，並用指腹輕壓固定，為鼻子。

10 用指腹將紅色麵團搓成圓形，放在鼻子下方，並用指腹輕壓固定，為舌頭。

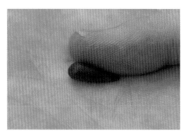

11 取咖啡色麵團，用指腹將麵團搓成水滴形，為手部。

12 承步驟 11，將手斜放在身體左側，並用指腹輕壓固定，為左手。

13 重複步驟 11-12，取原色麵團用指腹搓出右手後，放在身體右側並用指腹輕壓固定。

14 最後，用指腹將粉紅色麵團搓成圓形，放在吻部兩側，並用指腹輕壓固定（為腮紅）即可。

15 如圖，棕紋狗酥完成。

斑點狗

材料&工具 Materials Tools

顏色 Color	原色、咖啡色、粉紅色、黑色、橘色、黃色、紅色
器具 Appliance	雕塑工具組、油紙、鳳梨酥模

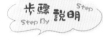

步驟說明 Step By Step

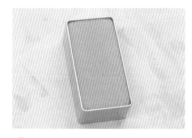

01 取放入已包入餡料的麵團，並壓入鳳梨酥模中。（註：平整面須朝上；包餡方法請參考 P.199。）

02 取黑色麵團，用指腹將麵團搓成圓形，放在身體的右下角，為斑紋。（註：斑紋位置、密度與大小，可依個人喜好調整。）

03 重複步驟 2，依序在麵團表面加上斑紋。

04 將整個鳳梨酥模翻面，並用指腹將麵團往下壓，使斑紋面更平整。

05 如圖，斑紋完成。

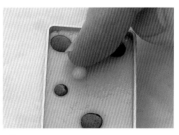

06 用指腹將原色麵團搓成圓形，放在身體上半部，並用指腹輕壓固定，為吻部。

07 重複步驟 6，完成右側吻部。

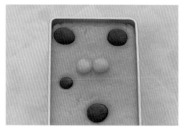

08 如圖，吻部完成。

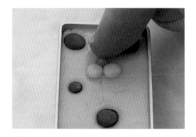

09 用指腹將粉紅色麵團搓成圓形，放在吻部的上方，並用指腹輕壓固定，為鼻子。

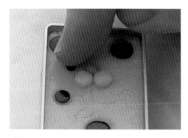

10 用指腹將黑色麵團搓成圓形，放在鼻子左側，並用指腹輕壓固定，為左眼。

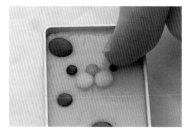

11 重複步驟 10，完成右眼。

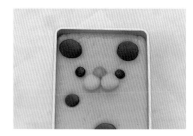

12 如圖，雙眼完成。

13 用指腹將紅色麵團搓成圓形，放在吻部下方，並用指腹輕壓固定，為舌頭。

14 用指腹將橘色麵團搓成長條形，為項圈。

15 將項圈橫放在身體中央，並用指腹輕壓固定。

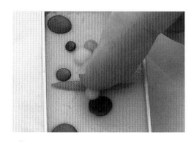

16 用指腹將黃色麵團搓成圓形，放在項圈下方，並用指腹輕壓固定，為鈴鐺。

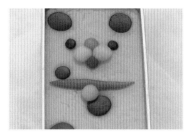

17 如圖，鈴鐺完成。

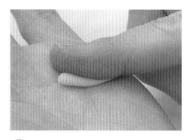

18 用指腹將原色麵團搓成水滴形，為手部。

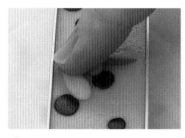

19 承步驟 18，將手斜放在身體左側，並用指腹輕壓固定，為左手。

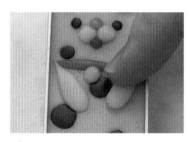

20 重複步驟 18-19，完成右手。

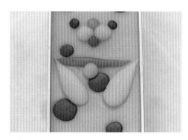

21 如圖，雙手完成。

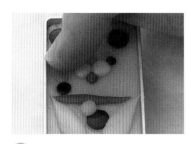

22 先用指腹將粉紅色麵團搓成圓形後，放在吻部左側，並用指腹輕壓固定，為腮紅。

23 最後，重複步驟 22，完成右側腮紅即可。

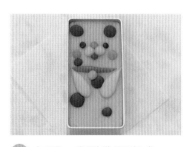

24 如圖，斑點狗酥完成。

橘斑狗

顏色 | 原色、咖啡色、粉紅色、黑色、橘色、黃色、紅色
Color

器具 | 雕塑工具組、油紙、鳳梨酥模
Appliance

步驟說明 Step by Step

01 取放入已包入餡料的麵團，並壓入鳳梨酥模中。（註：平整面須朝上；包餡方法請參考 P.199。）

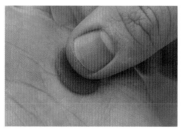

02 用指腹將橘色麵團揉成圓形，並將麵團壓扁，共須完成兩個。

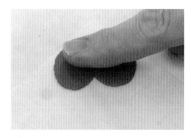

03 承步驟 2，將壓扁的橘色麵團並排，放在油紙的其中一角。

04 取放好原色麵團的鳳梨酥模，將任一短邊放在橘色麵團上。

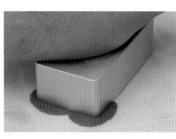

05 承步驟 4，將鳳梨酥模往下壓。

06 承步驟 5，將油紙輕輕從鳳梨酥模上剝除，即完成毛色製作。

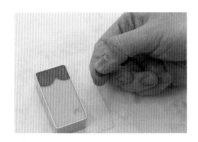

07 用指腹將橘色麵團搓成圓形，並將麵團壓扁。

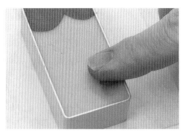

08 承步驟 7，將麵團放在身體的右下角，為斑紋。

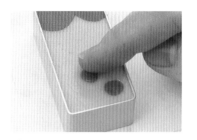

09 重複步驟 7-8，依序製作斑紋。

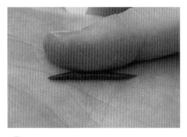

10 用指腹將咖啡色麵團搓成長條形，為項圈。

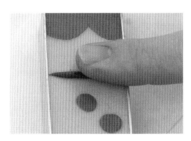

11 將項圈橫放在身體中央，並用指腹輕壓固定。

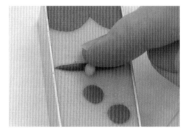

12 用指腹將黃色麵團搓成圓形，放在項圈下方，並用指腹輕壓固定，為鈴鐺。

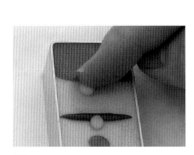

13 用指腹將原色麵團搓成圓形，放在身體上半部，並用指腹輕壓固定，為吻部。

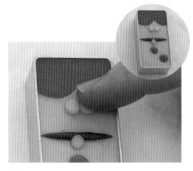

14 重複步驟 13，完成右側吻部。

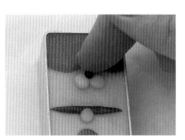

15 用指腹將黑色麵團搓成圓形，放在吻部的上方，並用指腹輕壓固定，為鼻子。

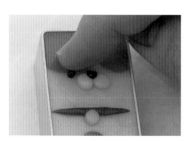

16 用指腹將黑色麵團搓成圓形，放在鼻子左側，並用指腹輕壓固定，為左眼。

17 重複步驟 16，完成右眼。

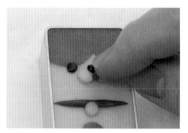

18 用指腹將紅色麵團搓成圓形，放在吻部下方，並用指腹輕壓固定，為舌頭。

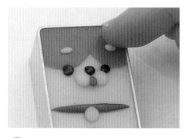

19 用指腹將原色麵團搓成橢圓形，放在眼睛上方，並用指腹輕壓固定，為眉毛。

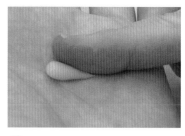

20 用指腹將原色麵團搓成水滴形，為手部。

21 承步驟 20，將手斜放在身體右側，並用指腹輕壓固定，為右手。

22 重複步驟 20-21，完成左手。

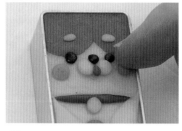

23 最後，用指腹將粉紅色麵團搓成圓形，放在吻部兩側，並用指腹輕壓固定（為腮紅）即可。

24 如圖，橘斑狗酥完成。

貓咪酥

🌡 上火 180 度，下火 130 度

⏱ 烘烤約 20 ～ 25 分

👥 約 12 顆

步驟說明 Step by step

01 取放入已包入餡料的麵團，並放在油紙上。（註：包餡方法請參考 P.198。）

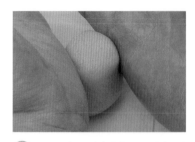

02 用手掌兩側將麵團搓出弧度，形成葫蘆形。

03 如圖，貓咪主體完成。

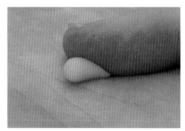

04 用指腹將原色麵團搓成水滴形，為耳朵。

05 承步驟 4，將耳朵放在主體左側，並用指腹輕壓固定。

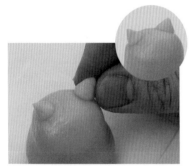

06 重複步驟 4-5，完成右耳。

07 用指腹將原色麵團搓成圓形，為吻部。

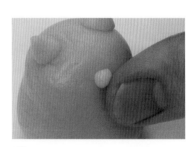

08 將吻部放在貓咪主體中央，並用指腹輕壓固定。

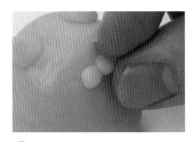

09 重複步驟 7-8，完成右側吻部。

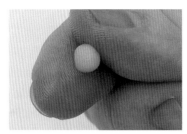

10 用指腹將原色麵團搓成圓形，為手部。

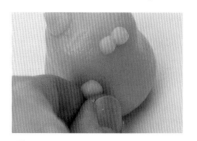

11 將手部放在貓咪主體下半部，並用指腹輕壓固定，為左手。

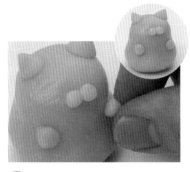

12 重複步驟 10-11，完成右手。

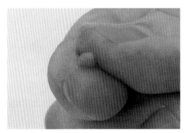

13 用指腹將粉紅色麵團搓成水滴形，為耳窩。

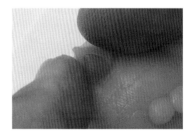

14 將耳窩放在左耳正面，並用指腹輕壓固定。

15 重複步驟 13-14，完成右耳耳窩。

16 用指腹將粉紅色麵團搓成圓形，為鼻子。

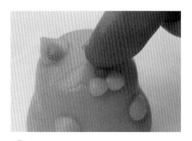

17 將鼻子放在吻部上方，並用指腹輕壓固定。

 ⓲ 用指腹將粉紅色麵團搓成圓形，為腮紅。

 ⓳ 將腮紅放在臉頰兩側，並用指腹輕壓固定。

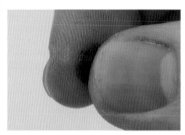 ⓴ 用指腹將咖啡色麵團搓成圓形後捏扁，為斑紋。

 ㉑ 將斑紋放在吻部右上方，並用指腹輕壓固定。

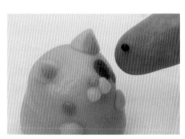 ㉒ 用指腹將黑色麵團搓成圓形，為眼睛。

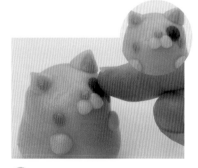 ㉓ 將眼睛放在斑紋上，並用指腹輕壓固定。

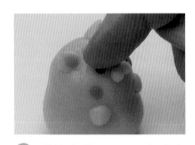 ㉔ 重複步驟 22-23，完成左眼。

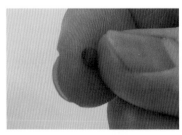 ㉕ 用指腹將紅色麵團搓成圓形，為舌頭。

 ㉖ 將舌頭放在吻部下方，並用指腹輕壓固定。

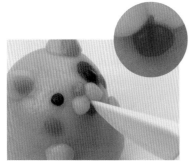

27 承步驟 26，以雕塑工具在舌頭中央壓出直線。

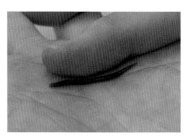

28 用指腹將咖啡色麵團搓成長條形。

29 以雕塑工具將長條形麵團切成三等份。

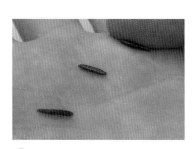

30 承步驟 29，用指腹將麵團搓成長條形，為斑紋。

31 將斑紋依序放在貓咪頭頂，並用指腹輕壓固定。

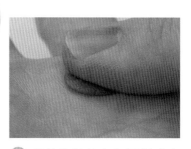

32 用指腹將綠色麵團搓成水滴形後壓扁，為葉子。

33 將葉子放在斑紋上方，並用指腹輕壓固定。

34 最後，承步驟 33，以雕塑工具在葉子上壓出葉脈即可。

35 如圖，貓咪酥完成。

小豬酥

🌡️ 上火 180 度，下火 130 度

⏱️ 烘烤約 20 ～ 25 分

🍪 約 12 顆

Tabby cat

顏色 COLOR
粉紅色、黑色

器具 APPLIANCE
雕塑工具組、油紙

01 取放入已包入餡料的麵團，並找出頭身位置。（註：包餡方法請參考 P.198。）

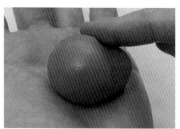

02 承步驟 1，用指腹搓出弧度，區分頭部和身體。

03 如圖，小豬主體完成。

04 用指腹將粉紅色麵團搓成水滴形，為腳。

05 重複步驟 4，共完成四隻腳，先放在主體四邊後，用指腹輕壓固定。

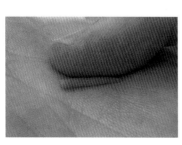

06 用指腹將粉紅色麵團搓成長條形，為尾巴。

07 承步驟 6，將尾巴放在身體尾端，並繞一圈放在小豬身體上。

08 用指腹將粉紅色麵團搓成橢圓形，為鼻子。

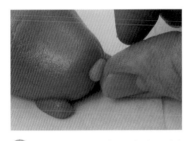

09 將鼻子放在臉部中央，並用指腹輕壓固定。

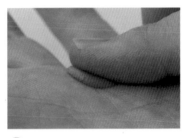

10 用指腹將粉紅色麵團搓成水滴形並壓扁，為耳朵。

11 將耳朵放在頭部左側，並用指腹輕壓固定。

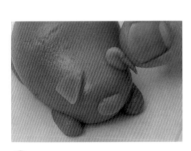

12 重複步驟 10-11，完成右耳。（註：將耳朵微微反折，使小豬看起來更活潑。）

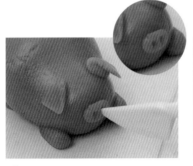

13 以雕塑工具在鼻子上戳兩個洞，為鼻孔。

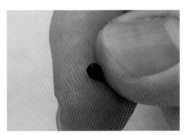

14 用指腹將黑色麵團搓成圓形，為眼睛。

15 將眼睛放在鼻子右上方，並用指腹輕壓固定。

16 最後，重複步驟 14-15，完成左眼即可。

17 如圖，小豬酥完成。

公雞酥

🌡️ 上火 180 度，下火 130 度
⏱️ 烘烤約 20 ～ 25 分
🧍 約 12 顆

顏色 COLOR
原色、紅色、黑色、黃色

器具 APPLIANCE
雕塑工具組、油紙

01 取放入已包入餡料的麵團，並放在油紙上，為公雞主體。（註：包餡方法請參考 P.198。）

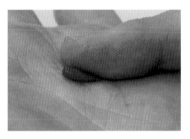

02 用指腹將紅色麵團搓成水滴形。

03 將水滴形麵團放在公雞主體頂端，並用指腹輕壓固定。

04 重複步驟 2-3，依序將水滴狀麵團疊加在步驟 3 水滴形麵團上，並用指腹輕壓固定，即完成雞冠。

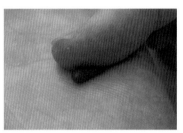

05 用指腹將紅色麵團搓成水滴形，為肉髯。

06 將肉髯斜放在公雞臉部中央，並用指腹輕壓固定。

07 重複步驟 5-6，完成右側肉髯。

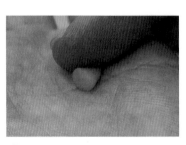

08 用指腹將黃色麵團搓成三角錐形，為雞喙。

09 將雞喙尖端朝外，放在肉髯上方，並用指腹輕壓固定。

10 如圖，雞喙完成。

11 用指腹將黑色麵團搓成圓形，並放在雞喙右上方，為右眼。

12 重複步驟 11，完成左眼。

13 如圖，眼睛完成。

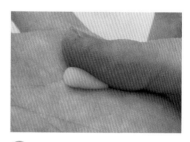

14 用指腹將原色麵團搓成水滴形，為翅膀。

15 將翅膀尖端朝斜前方擺放在公雞身體右側，並用指腹輕壓固定。

16 最後，重複步驟 15，完成左側翅膀即可。

17 如圖，公雞酥完成。

黑熊酥

🌡 上火 180 度，下火 130 度
⏱ 烘烤約 20 ～ 25 分
🐻 約 12 顆

Step by step
步驟說明

01 取放入已包入餡料的麵團，並找出頭身位置。（註：包餡方法請參考 P.198。）

02 承步驟 1，用兩指指腹推壓出弧度，區分頭部和身體，即完成黑熊主體。

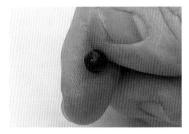

03 用指腹將黑色麵團搓成圓形，為手部。

04 將手放在身體左側，並用指腹輕壓固定。

05 重複步驟 3-4，完成黑熊四肢。

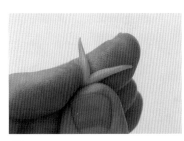

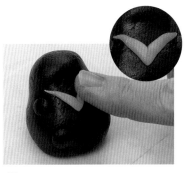

06 用指腹將原色麵團搓成長條形。

07 承步驟 6，將麵團對折成 V 字形。

08 將 V 字形麵團放在雙手間，並用指腹輕壓固定，為胸毛。

09 用指腹將原色麵團搓成圓形，放在臉部後，用指腹輕壓固定，為吻部。

10 用指腹將黑色麵團搓成圓形，放在吻部上方後，用指腹輕壓固定，即完成鼻子。

11 用指腹將黑色麵團搓成圓形，為耳朵。

12 將耳朵放在黑熊頭頂兩側，並用指腹輕壓固定。

13 用指腹將原色麵團搓成圓形，放在耳朵正面，並用指腹輕壓固定，為耳窩。

14 用指腹將原色麵團搓成圓形，為眼白。

15 將眼白放在吻部左右兩側，並用指腹輕壓固定。

16 最後，用指腹將黑色麵團搓成圓形，並用指腹輕壓固定（為眼珠）即可。

17 如圖，黑熊酥完成。

\怦然心動！/

人氣西式小點

Western Dessert

馬林糖前置製作

01 | 蛋白霜製作

材料及工具 Ingredients & Tools

- 食材
  - ① 糖粉 100 克
  - ② 砂糖 100 克
  - ③ 玉米粉 5 克
  - ④ 蛋白 100 克

- 器具
  手持電動攪拌機、單柄鍋、刮刀、篩網

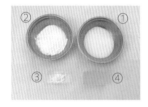

步驟説明 Step By Step

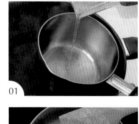 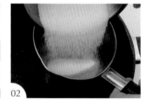 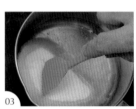

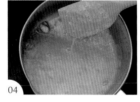 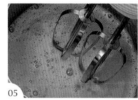 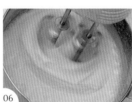

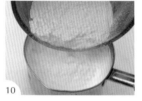  

01 將蛋白倒入單柄鍋。

02 加入砂糖。

03 將蛋白與砂糖隔水加熱,並用刮刀適時攪拌。

04 重複步驟 3,隔水加熱至砂糖完全融化。

05 以手持電動攪拌機將蛋白糖打發。

06 重複步驟 5,繼續將蛋白打發。

07 如圖,蛋白打發完成,呈彎勾狀。

08 將糖粉過篩至鋼盆中。

09 將玉米粉過篩至鋼盆中。

10 將過篩後的玉米粉與糖粉加入打發的蛋白中。

11 最後,手持以電動攪拌機將蛋白與糖粉打勻即可。

12 如圖,蛋白霜完成。

蛋白霜製作
影片 QRcode

02 | 調色方法

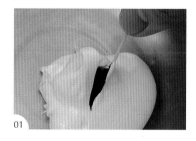 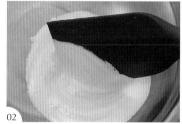 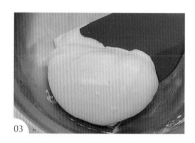

01   02   03

  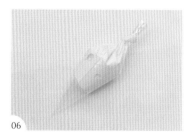

04   05   06

01 以牙籤沾取色膏後，沾染在蛋白霜上。

02 以刮刀將蛋白霜與色膏拌勻。

03 重複步驟 2，繼續將色膏與蛋白霜拌至顏色均勻。

04 將蛋白霜裝入三明治袋中。

05 最後，將三明治袋尾端打結，在使用前，以剪刀將三明治袋尖端平剪小洞即可。

06 如圖，調色蛋白霜填裝完成。（註：若需要原色蛋白霜，則可以跳過步驟 1-3，進行裝填步驟。）

調色 Tinting

白色（原色）　淺粉紅色　深粉紅色　咖啡色　黑色　藍色　黃色　橘色

Tips

◆ 使用時，隨時保持蛋白霜濕潤，可以濕布或塑膠袋蓋住防止乾燥。

◆ 添加少量玉米粉可減緩蛋白霜受潮速度。

◆ 擠出主體時，三明治袋須飽和，袋口勿剪太大，才能擠出圓潤的造型。

◆ 染色可依喜好調整濃淡，建議少量添加，覺得不夠深再增加用量。

小花貓

🌡 50 度
⏱ 烘烤約 2 小時
👤 約 50 顆

顏色 COLOR

深粉紅色、橘色、黑色、
咖啡色

器具 APPLIANCE

油紙、三明治袋、針車鑽

：半身造型

01 以橘色蛋白霜在油紙上擠
出一個半圓球體。（註：
三明治袋在擠蛋白霜時須
飽和，袋口勿剪太大，才能
擠出細緻的造型。）

02 如圖，貓頭完成。

03 以橘色蛋白霜在貓頭頂端
兩側擠出三角錐形，為耳
朵。

04 以橘色蛋白霜在貓頭前方
兩側擠出半圓球體，為雙
手。

05 以咖啡色蛋白霜在貓咪雙
耳間擠出直向線條，為斑
紋。

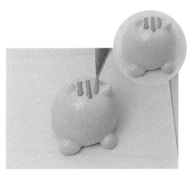

06 重複步驟5，在雙耳間擠
出共三條斑紋。

07 以黑色蛋白霜在貓頭正中
間擠出圓點，為鼻子。

08 以黑色蛋白霜在鼻子左側
擠出圓點，為左眼。

09 承步驟 8，在鼻子右側擠出＜形的右眼。

10 以深粉紅色蛋白霜在貓咪嘴巴兩側擠出圓形，為腮紅。

11 最後，將貓咪擺至乾燥定型即可。

:全身造型

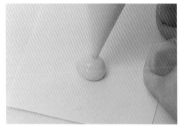

12 以橘色蛋白霜在油紙上擠出一個半圓球體。（註：三明治袋在擠蛋白霜時須飽和，袋口勿剪太大，才能擠出細緻的造型。）

13 如圖，貓頭完成。

14 以橘色蛋白霜在貓頭後方擠出另一個半圓球體。

15 如圖，貓咪身體完成。

16 以橘色蛋白霜在貓咪身體右側擠出半圓球體，為右前腳。

17 以橘色蛋白霜在貓咪身體右下側擠出半圓球體，為右後腳。

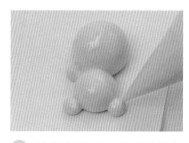

18 重複步驟 17，完成貓咪左後腳。

19 重複步驟 16，完成貓咪左前腳。

20 如圖，四肢完成。

21 以橘色蛋白霜在貓頭頂端兩側擠出三角錐形，為耳朵。

22 以咖啡色蛋白霜在貓咪雙耳間擠出直向線條，為斑紋。

23 重複步驟 22，在雙耳間擠出共三條直向線條。

24 以黑色蛋白霜在貓頭正中間擠出圓點，為鼻子。

25 以黑色蛋白霜在鼻子兩側擠出圓點，為眼睛。

26 如圖，眼睛完成。

27 以針車鑽將鼻子的黑色蛋白霜往下劃，為左側的嘴巴弧線。

28 重複步驟 27，完成右側的嘴巴弧線。

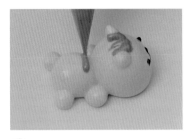

29 以咖啡色蛋白霜在貓咪身體上擠出橫向線條，為斑紋。

30 重複步驟 29，在身體背部擠出共三條斑紋。

31 如圖，身體斑紋完成。

32 以深粉紅色蛋白霜在嘴巴左側擠出圓形，為腮紅。

33 重複步驟 32，完成右側腮紅。

34 最後，將貓咪擺至乾燥定型即可。

企鵝

🌡 50 度

🕐 烘烤約 2 小時

👤 約 50 顆

步驟說明 *Step by step*

：半身造型

01 以藍色蛋白霜在油紙上擠
出一個半圓球體。（註：
三明治袋在擠蛋白霜時須飽
和，袋口勿剪太大，才能擠
出細緻的造型。）

02 如圖，為企鵝頭部。

03 以白色蛋白霜在企鵝頭部
擠出愛心形。

04 如圖，企鵝臉部完成。

05 以黑色蛋白霜在企鵝臉部
左上方擠出圓點，為左眼。

06 重複步驟5，完成右眼製
作。

07 以黃色蛋白霜在眼睛下側
擠出圓形，為嘴巴。

08 如圖，嘴巴完成。

09 以深粉紅色蛋白霜在嘴巴左側擠出愛心形，為腮紅。

10 重複步驟 9，完成右側腮紅。

11 最後，將企鵝擺至乾燥定型即可。

: 全身造型

12 以藍色蛋白霜在油紙上擠出一個半圓球體。（註：三明治袋在擠蛋白霜時須飽和，袋口勿剪太大，才能擠出細緻的造型。）

13 如圖，企鵝身體完成。

14 以白色蛋白霜在企鵝身體上擠出橢圓形，為肚毛。

15 以黃色蛋白霜在企鵝身體底部的左側，擠出圓形，為腳部。

16 重複步驟 15，完成右腳。

17 以藍色蛋白霜在身體上方擠出一個半圓球體，為企鵝頭部。

18 以藍色蛋白霜在身體兩側
擠出三角錐形,為翅膀。

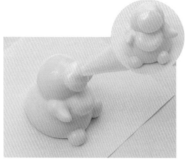

19 以白色蛋白霜在企鵝頭部
正面擠出圓形,為企鵝臉
部。

20 以藍色蛋白霜在臉部上端
擠出 J 形,為額毛。

21 以黑色蛋白霜在臉部左側
擠出圓點,為左眼。

22 重複步驟 21,完成右眼。

23 以黃色蛋白霜在眼睛下側
擠出三角錐形,為嘴巴。

24 以黑色蛋白霜在左眼上方
擠出弧形,為眉毛。

25 重複步驟 24,完成右側眉
毛。

26 最後,將企鵝擺至乾燥定
型即可。

粉紅豬

🌡 50 度

⏱ 烘烤約 2 小時

🍪 約 50 顆

顏色 COLOR

深粉紅色、淺粉紅色、
黑色

器具 APPLIANCE

油紙、三明治袋、針車鑽

：單隻造型

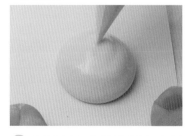

01 以淺粉紅色蛋白霜在油紙上擠出一個較扁的半圓球體。（註：三明治袋在擠蛋白霜時須飽和，袋口勿剪太大，才能擠出細緻的造型。）

02 如圖，頭部完成。

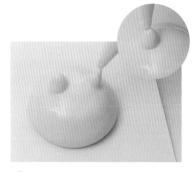

03 以淺粉紅色蛋白霜在頭部兩側擠出三角錐形，為耳朵。

04 以淺粉紅色蛋白霜在臉部中央擠出橢圓形，為豬鼻子。

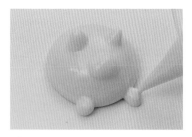

05 以淺粉紅色蛋白霜在頭部前方兩側擠出半圓球體，為雙手。

06 以淺粉紅色蛋白霜在頭部後方兩側擠出半圓球體，為雙腳。

07 以深粉紅色蛋白霜在鼻子上擠出兩個圓點，為鼻孔。

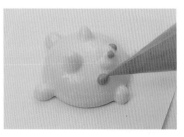

08 以深粉紅色蛋白霜在鼻子左側擠出圓形，為腮紅。

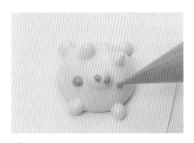

09 重複步驟 8，完成右側腮紅。

10 以黑色蛋白霜在臉部擠出圓點，為左眼。

11 重複步驟 10，完成右眼製作。

: 豬屁股造型

12 最後，將小豬擺至乾燥定型即可。

13 以淺粉紅色蛋白霜在油紙上擠出一個半圓球體。（註：三明治袋在擠蛋白霜時須飽和，袋口勿剪太大，才能擠出細緻的造型。）

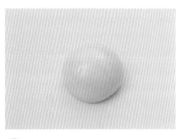

14 如圖，屁股完成。

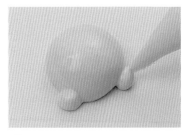

15 以淺粉紅色蛋白霜在屁股後方兩側擠出半圓球體，為後腳。

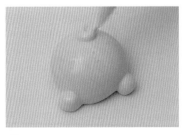

16 以淺粉紅色蛋白霜在屁股上方繞出螺旋形，以擠出豬尾巴。

17 以針車鑽沾取黑色蛋白霜，並點在豬尾巴下方。

18 承步驟 17，以針車鑽將尾巴下方的黑色蛋白霜勾劃成 V 字形。

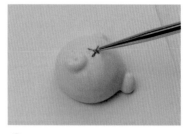

19 承步驟 18，以針車鑽將 V 字形再往下勾劃成 X 字形。

20 最後，將豬屁股擺至乾燥定型即可。

:兩隻豬堆疊造型

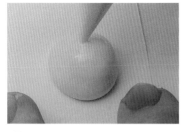

21 以淺粉紅色蛋白霜在油紙上擠出一個半圓球體。（註：三明治袋在擠蛋白霜時須飽和，袋口勿剪太大，才能擠出細緻的造型。）

22 如圖，大豬頭部完成。

23 在大豬頭部上方，以淺粉紅色蛋白霜擠出半圓球體。

24 如圖，小豬頭部完成。

25 以淺粉紅色蛋白霜在大豬頭部兩側擠出三角錐形，為耳朵。

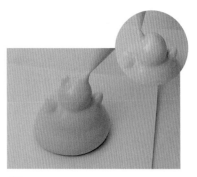

26 重複步驟 25，完成小豬耳朵。

27 如圖，小豬耳朵完成。

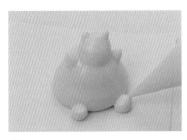

28 以淺粉紅色蛋白霜在頭部兩側擠出半圓球體，為雙手。

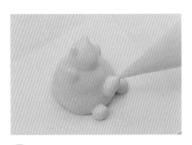

29 以淺粉紅色蛋白霜在大豬臉部中央擠出橢圓形的豬鼻子。

30 重複步驟 29，在小豬臉部中央擠出橢圓形的豬鼻子。

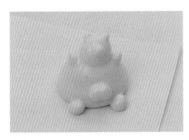

31 如圖，豬鼻子完成。

32 以黑色蛋白霜，在大豬臉部擠出圓點，為左眼。

33 重複步驟 32，完成右眼。

34 以針車鑽沾取黑色蛋白霜，並在小豬臉部點出圓點，為左眼。（註：可以針車鑽為輔助，製作較精細的細節。）

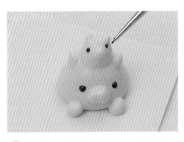

35 重複步驟 34，完成右眼。

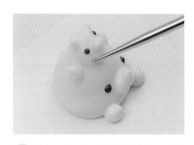

36 以針車鑽沾取深粉色蛋白霜,並在小豬臉部左側點出腮紅。

37 重複步驟 36,完成右側腮紅。

38 以深粉紅色蛋白霜在大豬臉部左側擠出圓形,為腮紅。

39 重複步驟 38,完成右側腮紅。

40 最後,先以深粉紅色蛋白霜在大小豬鼻上各擠出兩個圓點,完成鼻孔後,將兩隻豬擺至乾燥定型即可。

小白兔

🌡 50 度
🕐 烘烤約 2 小時
👤 約 50 顆

顏色 COLOR

白色、黑色、粉紅色、
深粉紅色

器具 APPLIANCE

油紙、三明治袋、針車鑽

Step by step
步驟說明

01 以白色蛋白霜在油紙上擠
出葫蘆形狀。（註：三明
治袋在擠蛋白霜時須飽和，
袋口勿剪太大，才能擠出細
緻的造型。）

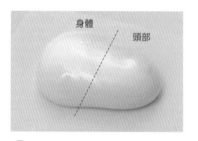

02 如圖，兔子主體完成，分
為頭部和身體。

03 以白色蛋白霜在兔子頭部
兩側擠出水滴形，為耳朵。

04 如圖，兔子耳朵製作完成。

05 以白色蛋白霜在兔子身體
後端擠出半圓球體，為尾
巴。

06 以粉紅色蛋白霜在兔子的
左耳上擠出水滴形，為耳
窩。

07 重複步驟 6，完成右耳耳
窩。

08 如圖，耳窩完成。

09 以黑色蛋白霜在兔子臉部中間擠出圓點,為鼻子。

10 如圖,鼻子製作完成。

11 以黑色蛋白霜在兔子鼻子左上角擠出圓點,為眼睛。

12 重複步驟 11,完成右眼。

13 如圖,雙眼製作完成。

14 以深粉紅色蛋白霜在兔子的嘴巴左側擠出圓形,為腮紅。

15 重複步驟 14,完成右側腮紅。

16 最後,將兔子擺至乾燥定型即可。

北極熊

🌡 50 度

⏱ 烘烤約 2 小時

👶 約 50 顆

顔色 COLOR
白色、黑色、深粉紅色

器具 APPLIANCE
油紙、三明治袋、針車鑽

01 以白色蛋白霜在油紙上擠出一個半圓球體。（註：三明治袋在擠蛋白霜時須飽和，袋口勿剪太大，才能擠出細緻的造型。）

02 如圖，北極熊身體完成。

03 以白色蛋白霜在北極熊身體頂端兩側擠出半圓球體，為耳朵。

04 以白色蛋白霜在北極熊身體前方兩側擠出半圓球體，為雙手。

05 如圖，雙手完成。

06 以黑色蛋白霜在北極熊身體中間擠出圓點，為鼻子。

07 以黑色蛋白霜在北極熊鼻子左上角擠出圓點，為眼睛。

08 重複步驟 7，完成右眼製作。

09 以黑色蛋白霜在左耳上擠出圓點，為耳窩。

10 重複步驟 9，完成右耳耳窩。

11 以針車鑽將鼻子的黑色蛋白霜往左下勾劃，為左側的嘴巴弧線。

12 重複步驟 11，完成右側的嘴巴弧線。

13 如圖，北極熊嘴巴完成。

14 以深粉紅色蛋白霜在北極熊的嘴巴左側擠出圓形，為腮紅。

15 重複步驟 14，完成右側腮紅。

16 最後，將北極熊擺至乾燥定型即可。

棉花糖前置製作

01 | 棉花糖糊製作

材料及工具 Ingredients & Tools

· 食材
　① 細砂糖 A 160 克
　② 細砂糖 B 75 克
　③ 水麥芽 A 25 克
　④ 水麥芽 B 17 克
　⑤ 吉利丁片 6.5 片
　⑥ 水 83 克
　⑦ 柳丁汁 75 克

· 器具
　電動攪拌機、刮刀、篩網、
　溫度計、卡式爐、單柄鍋

步驟說明 Step By Step

01

02

03

04

05

06

01　將吉利丁片用冷水泡軟。（註：須使用冰飲用水。）

02　將柳丁汁倒入單柄鍋中。

03　將砂糖 B 加入單柄鍋中。

04　將水麥芽 B 加入單柄鍋中。

05　將水麥芽、柳丁汁與砂糖煮滾。

06　承步驟 5，煮滾後倒入攪拌缸中備用。

棉花糖糊製作
影片 QRcode

07 將水倒入單柄鍋中。

08 將砂糖 A 倒入單柄鍋中。

09 以刮刀將水麥芽 A 加入單柄鍋中。

10 將泡軟的吉利丁取出，並擠去多餘水份備用。

11 將水、砂糖與水麥芽煮到 113 度。

12 承步驟 11，加入泡軟的吉利丁片。

13 以刮刀確認吉利丁片已經在單柄鍋中融化。

14 將融有吉利丁片的糖水倒入攪拌缸中。

15 承步驟 14，以電動攪拌機打發。

16 重複步驟 15，繼續以電動攪拌機打發攪拌缸內的材料。

17 最後，打發至有明顯紋路且不易滴落即可。

18 如圖，棉花糖糊完成。

Tips

- 棉花糖糊須盡快使用,勿放置冷卻,否則會凝固無法擠出。
- 萬一溫度太低凝固了,可微波約 2～5 秒加熱。
- 可利用烤箱約 50 度保溫棉花糖糊。
- 棉花糖糊軟硬度可以依照操作需求調整,可利用打發程度來控制。

- 玉米粉以 150～160 度烘烤約 10～15 分,放涼,在烤盤上撒上薄薄一層玉米粉備用。

02 | 調色方法

步驟說明 Step By Step

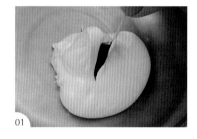
01

02

03

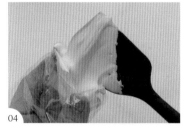
04

05

06

01 將色膏以牙籤沾染在棉花糖糊上。(註:染色可依喜好調整濃淡,建議少量添加,覺得不夠深再增加用量。)

02 將棉花糖糊與色膏拌勻。

03 重複步驟 2,將色膏與棉花糖糊攪勻。

04 將棉花糖糊裝入三明治袋中。

05 最後,承步驟 4,將三明治袋尾端打結,在使用前,以剪刀將三明治袋尖端平剪小洞即可。

06 如圖,棉花糖糊填裝完成。(註:若需要使用原色棉花糖糊,則可跳過步驟 1-3,進行填裝步驟。)

調色 Tinting

白色(原色)　灰色　黑色　咖啡色　黃色　膚色　橘色　粉紅色　綠色

貓掌

約 40 顆

材料及工具
Materials & Tools

顏色 COLOR
白色、粉紅色

器具 APPLIANCE
三明治袋、烤盤、篩網、
毛刷

步驟說明
Step by step

01 以白色棉花糖糊在灑有熟玉米粉的烤盤上擠出圓形,即完成貓掌主體。

02 以粉紅色棉花糖糊在貓掌主體下方,擠出倒愛心形,為掌心肉球。

03 以粉紅色棉花糖糊在掌心肉球上方由左至右擠出四個圓形,為指間肉球,即完成貓掌。

04 待凝固,以篩網為輔助,將玉米粉灑在棉花糖表面,以防止沾黏。

05 將棉花糖放入篩網中。

06 用手輕拍篩網邊緣,將棉花糖上的玉米粉拍落。

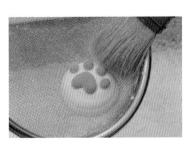

07 最後,以毛刷將棉花糖表面的玉米粉刷落即可。

08 如圖,貓掌完成。

小老虎

約 40 顆

顏色 COLOR
白色、粉紅色、黑色、
橘色

器具 APPLIANCE
三明治袋、烤盤、篩網、
毛刷

步驟說明
Step by step

01 以橘色棉花糖糊在灑有熟玉米粉的烤盤上,擠出半圓球體。

02 如圖,老虎頭部完成。

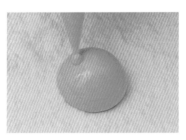

03 以橘色棉花糖糊在頭部頂端左側擠出三角錐形,為左耳。

04 重複步驟 3,在頭頂右側擠出右耳。

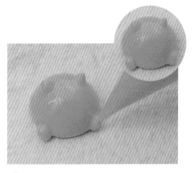

05 以橘色棉花糖糊在頭部前方兩側擠出半圓球體,為雙手。

06 以白色棉花糖糊在臉部中央擠出圓形,為左側吻部。

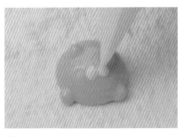

07 重複步驟 6,完成右側吻部。

08 如圖,吻部完成。

09 以粉紅色棉花糖糊在吻部下側擠出圓點，為舌頭。

10 以粉紅色棉花糖糊在吻部兩側點出圓形，為腮紅。

11 如圖，腮紅完成。

12 以黑色棉花糖糊在吻部上方擠出圓點，為鼻子。

13 以黑色棉花糖糊在鼻子左上方擠出圓點，為左眼。

14 重複步驟 13，完成右眼製作。

15 如圖，雙眼完成。

16 以黑色棉花糖糊順著耳朵的形狀，擠出黑色輪廓線。

17 重複步驟 16，完成右耳輪廓線製作。

18 以黑色棉花糖糊在雙耳間擠出「王」字老虎斑紋。

19 如圖,「王」字斑紋完成。

20 待凝固,以篩網為輔助,將玉米粉灑在棉花糖表面,以防止沾黏。

21 如圖,玉米粉灑落完成。

22 將棉花糖放入篩網中,並用手輕拍篩網邊緣把棉花糖上的玉米粉拍落。

23 最後,以毛刷將棉花糖表面的玉米粉刷落即可。

24 如圖,小老虎完成。

綿綿羊

約 40 顆

材料及工具
Materials & Tools

顏色 COLOR
白色、粉紅色、膚色、
黑色、咖啡色

器具 APPLIANCE
擠花袋、三明治袋、烤
盤、篩網、毛刷

步驟說明
Step by step

01 以膚色棉花糖糊在灑有熟
玉米粉的烤盤上，擠出半
圓球體。

02 如圖，綿羊身體完成。

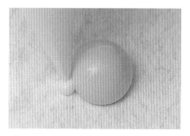

03 以白色棉花糖糊沿著綿羊
身體後方擠出半圓球體，
為羊毛。

04 重複步驟 3，依序沿著身
體邊緣擠出半圈羊毛。

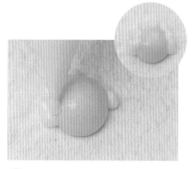

05 重複步驟 4，順著身體邊
緣擠出半圈羊毛。

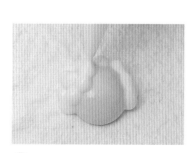

06 以白色棉花糖糊在綿羊身
體中間，擠出羊毛。

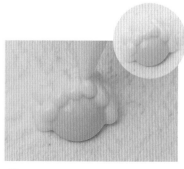

07 重複步驟 6，依序擠出羊
毛。（註：保留臉部不擠。）

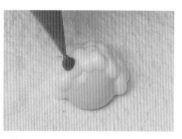

08 以咖啡色棉花糖糊在羊毛
頂端的左側擠出三角錐
形，為羊角。

09 重複步驟 8，完成右側羊角製作。

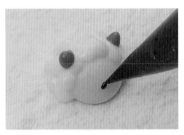

10 以黑色棉花糖糊在臉部中央擠出圓點，為鼻子。

11 以黑色棉花糖糊在鼻子左側擠出圓點，為眼睛。

12 重複步驟 11，完成右眼製作。

13 以粉紅色棉花糖糊在臉部兩側擠出圓形，為腮紅。

14 待凝固，以篩網為輔助，將玉米粉灑在棉花糖表面，以防止沾黏。

15 將棉花糖放入篩網中，並用手輕拍篩網邊緣，把棉花糖上多餘的玉米粉拍落。

16 最後，以毛刷將棉花糖表面的玉米粉刷落即可。

17 如圖，綿綿羊完成。

蜜蜂

約 40 顆

材料及工具
Materials & Tools

顏色 COLOR

白色、粉紅色、綠色、
黃色、黑色

器具 APPLIANCE

擠花袋、三明治袋、烤
盤、篩網、毛刷

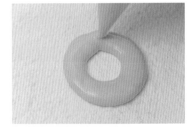

01 以綠色棉花糖糊在灑有熟
玉米粉的烤盤上,擠出O
形。

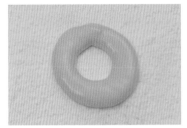

02 如圖,花圈完成。

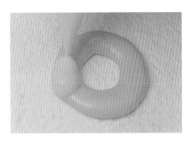

03 以黃色棉花糊在花圈左側
擠出橢圓形,為蜜蜂身體。

04 以黑色棉花糖糊在蜜蜂身
體前端點上圓點,為眼睛。

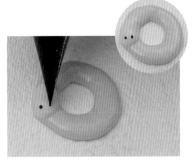

05 重複步驟 4,完成右眼製
作。

06 以黑色棉花糖糊在蜜蜂雙
眼後方擠出橫線,為紋路。

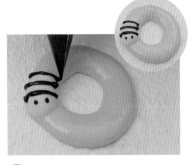

07 重複步驟 6,依序在蜜蜂
身體擠出紋路。

08 以白色棉花糖糊在蜜蜂背
部左側擠出水滴形,為翅
膀。

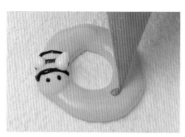

09 重複步驟 8,完成右側翅膀製作。

10 以粉紅色棉花糖糊在花圈右側擠出水滴形,為花瓣。

11 重複步驟 10,以第一片花瓣的尖端為中心,依序擠出共五片花瓣。

12 重複步驟 10-11,在花圈右上方再擠出五片花瓣。

13 以黃色棉花糖糊依序在花瓣中心擠出圓形,為花蕊,

14 待凝固,以篩網為輔助,將玉米粉灑在棉花糖表面,以防止沾黏。

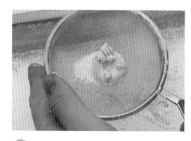

15 將棉花糖放入篩網中,並用手輕拍篩網邊緣,把棉花糖上多餘的玉米粉拍落。

16 最後,以毛刷將棉花糖表面的玉米粉刷落即可。

17 如圖,蜜蜂完成。

小海豹

約 40 顆

顏色 COLOR

白色、粉紅色、灰色、
黑色

器具 APPLIANCE

擠花袋、三明治袋、烤
盤、篩網、毛刷

：正趴姿勢

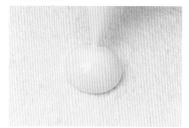

01 以白色棉花糖糊在灑有熟
玉米粉的烤盤上，擠出水
滴形。

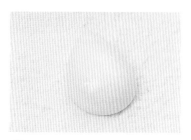

02 如圖，海豹身體完成。

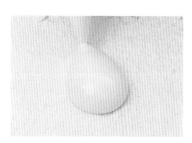

03 以白色棉花糖糊在身體尾
端一側，朝上擠出水滴
形，為尾巴。

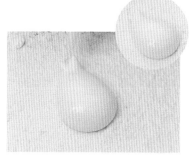

04 重複步驟3，在另一側朝
上擠出水滴形，呈現V形，
為尾巴。

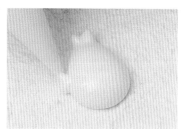

05 以白色棉花糖糊在身體左
側擠出三角錐形，為左手。

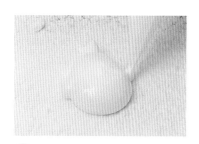

06 重複步驟5，完成右手製
作。

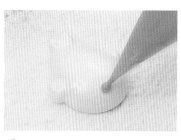

07 以灰色棉花糖糊在臉部中
央擠出圓形。

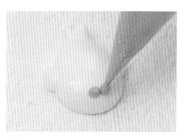

08 在步驟7圓形側邊擠出圓
形，為吻部。

09 以灰色棉花糖糊在臉部兩側擠出橢圓形，為眉毛。

10 以黑色棉花糖糊在吻部上方擠出圓形，為鼻子。

11 以黑色棉花糖糊在鼻子左上側點出圓形，為左眼。

12 重複步驟 11，完成右眼製作。

13 待凝固，將玉米粉灑在已定型的棉花糖表面，以防止沾黏。

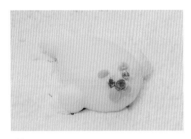

14 如圖，玉米粉灑落完成。

15 將棉花糖放入篩網中，並用手輕拍篩網邊緣，把棉花糖上多餘的玉米粉拍落。

16 最後，以毛刷將棉花糖表面的玉米粉刷落即可。

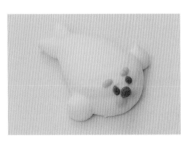

17 如圖，正趴姿勢海豹製作完成。

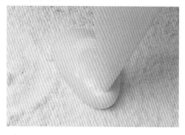

18 以白色棉花糖糊在灑有熟玉米粉的烤盤上,擠出倒水滴形。

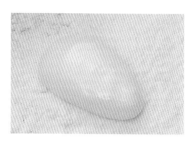

19 如圖,海豹身體完成。

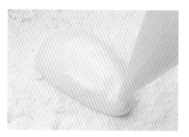

20 以白色棉花糖糊在身體尾端一側,朝下擠出水滴形,為尾巴。

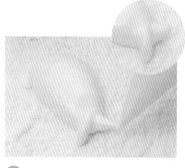

21 重複步驟 20,在身體尾端另一側朝下擠出水滴形,呈現倒 V 形,為尾巴。

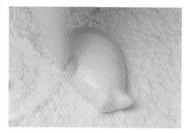

22 以白色棉花糖糊在身體左側擠出三角錐形,為左手。

23 重複步驟 22,完成右手製作。

24 以灰色棉花糖糊在海豹上半身擠出圓形。

25 在步驟 24 圓形側邊擠出圓形,為吻部。

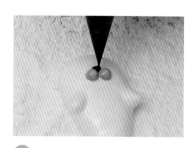

26 以黑色棉花糖糊在吻部上方擠出圓形,為鼻子。

㉗ 以黑色棉花糖糊在鼻子左上方點出圓形，為左眼。

㉘ 重複步驟 27，完成右眼製作。

㉙ 以灰色棉花糖糊在眼睛上方擠出橢圓形，為眉毛。

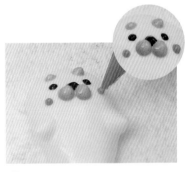

㉚ 以粉紅色棉花糖糊在吻部兩側擠出圓形，為腮紅。

㉛ 待凝固，將玉米粉灑在已定型的棉花糖表面，以防止沾黏。

㉜ 將棉花糖放入篩網中，並用手輕拍篩網邊緣，把棉花糖上多餘的玉米粉拍落。

㉝ 最後，以毛刷將棉花糖表面的玉米粉刷落即可。

㉞ 如圖，正躺姿勢海豹製作完成。

CHAPTER 05

吸睛度 100%！

經典裝飾小物

Decoration

巧克力裝飾片前置製作

融化巧克力方法

◆ 白巧克力

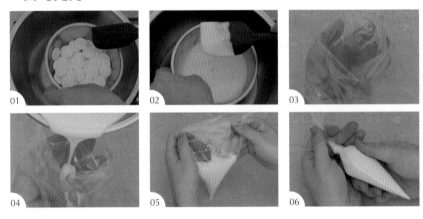

01 將白巧克力倒入小鋼盆中。

02 將白巧克力隔水加熱至 35 ～ 40 度備用。

03 取乾淨擠花袋，並用手撐開。

04 將白巧克力倒入三明治袋中。

05 如圖，白巧克力填裝完成。

06 最後，將白巧克力聚集，袋口打 8 字結，在使用前，以剪刀將三明治袋尖端平剪小洞即可。

◆ 黑巧克力

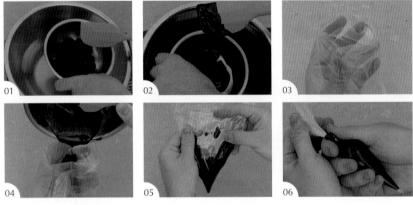

融化巧克力方法
影片 QRcode

01 將黑巧克力倒入小鋼盆中。

02 將黑巧克力隔水加熱至 35 ～ 40 度備用。

03 取乾淨擠花袋，並用手撐開。

04 將黑巧克力倒入三明治袋中。

05 如圖，黑巧克力填裝完成。

06 最後，將黑巧克力聚集，袋口打 8 字結，在使用前，以剪刀將三明治袋尖端平剪小洞即可。

基礎手繪

步驟説明 Step by step

：圖樣 1

01 以黑色巧克力在投影片上擠出斜線。

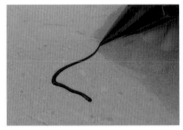

02 承步驟 1，擠出橫線。（註：橫線與斜線相連。）

03 承步驟 2，擠出圓形。

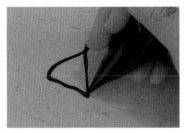

04 承步驟 3，順勢擠出向左下側的斜線，即完成三角形圖樣繪製。

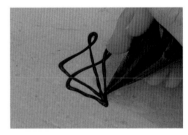

05 重複步驟 1-4，完成第二個圖樣繪製。（註：三角形圖樣會愈來愈細長。）

06 最後，重複步驟 1-4，完成共三個圖樣繪製即可。

07 如圖，圖樣 1 完成。

：圖樣 2

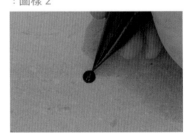

08 以黑色巧克力在投影片上擠出圓點 a1。

09 在圓點 a1 下側擠出圓點 a2。

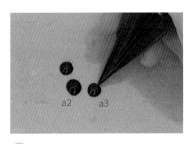

10 在圓點 a2 下側擠出圓點 a3。

11 用指腹將圓點 a1 往右側 拉畫。

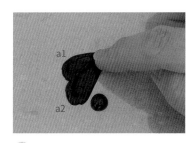

12 用指腹將圓點 a2 往圓點 a1 尾端拉畫。

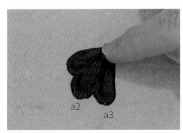

13 最後，用指腹將圓點 a3 往圓點a2尾端拉畫即可。

14 如圖，圖樣 2 完成。

線條曲線

材料及工具
Materials & Tools

顏色 COLOR

白色

器具 APPLIANCE

擀麵棍、投影片、橡皮筋、鋸齒三角板、三明治袋

：造型 1

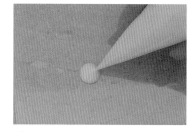

01 以白色巧克力在投影片上擠出圓點。

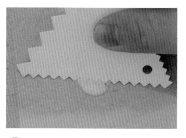

02 將鋸齒三角板放在白色巧克力上。

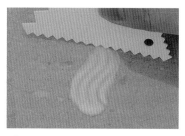

03 承步驟 2，順勢向上刮出線條曲線。

04 重複步驟 1-3，完成線條曲線。

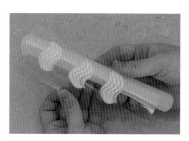

05 以投影片包覆擀麵棍。（註：須在巧克力未凝固前包覆，以免凝固碎裂導致失敗。）

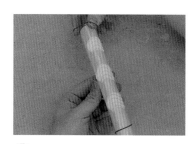

06 以橡皮筋將投影片兩側綑綁固定。

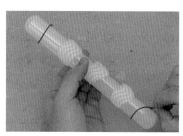

07 先放入冷藏，並待巧克力凝固後取下橡皮筋。

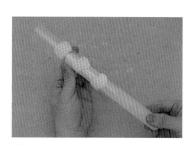

08 取出擀麵棍。

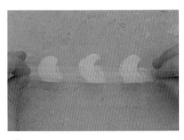

09 最後，將圖樣 1 從投影片上剝除即可。

10 如圖，圖樣 1 完成。

造型 2

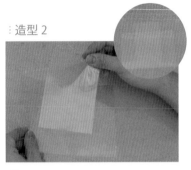

11 將兩張投影片交疊。（註：小張投影片為圖樣範圍，下面墊大張投影片會較好剝除凝固巧克力。）

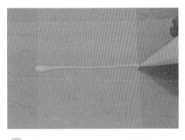

12 以白色巧克力在投影片上擠出橫線。（註：橫線距離投影片邊界的距離長短，會決定成品捲起後的直徑，可自行調整。）

13 以白色巧克力在投影片左下方擠出斜線。

14 重複步驟 13，依序向右上方擠出斜線。

15 以白色巧克力在投影片左上方擠出斜線。

16 重複步驟 15，依序向右下側擠出斜線。

17 重複步驟 13-16，依序繪製，以增加斜線密集度。

18 將有圖樣的投影片拿起。

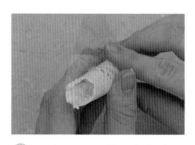

19 承步驟 18，趁巧克力未凝固，將有圖樣的投影片向內捲起。（註：圖樣須包覆在投影片內。）

20 以橡皮筋將投影片綑綁固定。（註：投影片捲起的大小，為曲線成形後的大小，可依個人喜好調整。）

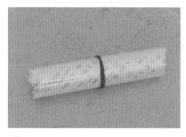

21 如圖，橡皮筋綑綁完成。

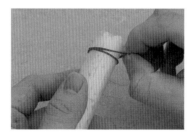

22 先放入冷藏，並待巧克力凝固後取下橡皮筋。

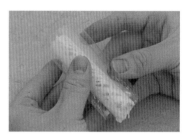

23 最後，輕輕鬆開投影片，將圖樣 2 從投影片上剝離即可。

24 如圖，圖樣 2 完成。

轉印技巧

材料及工具
Materials & Tools

顏色 COLOR
白色、黑色

器具 APPLIANCE
投影片、三明治袋、轉
寫紙、剪刀、秋葉刀

：技巧 1

01 將轉寫紙放在投影片上，以白色巧克力填滿轉寫紙。（註：巧克力溫度須夠熱，維持約 40℃圖樣較易轉印成功，溫度過低則不易轉印。）

02 承步驟 1，依序向右擠出白色巧克力。

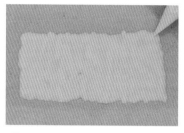

03 重複步驟 1-2，白色巧克力擠出完成。

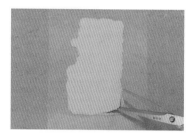

04 趁白巧克力未凝固，以剪刀為輔助，將白色巧克力片一角撬開。

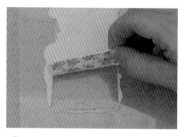

05 承步驟 4，用手將白色巧克力片從投影片上剝離。

06 待表面凝固，以秋葉刀切割，以便取下巧克力片。

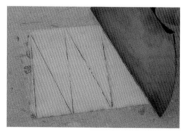

07 重複步驟 6，繼續切割完成，放入冰箱冷藏。（註：可依個人喜好調整形狀及尺寸。）

08 最後，待白巧克力凝固後，將圖樣從轉寫紙上剝離即可。

09 如圖，技巧 1 完成。

10 以黑色巧克力在轉寫紙上擠出圓形。

11 重複步驟 10，完成共六個圓形。

12 如圖，黑色巧克力擠出完成，放入冰箱冷藏。

13 最後，待黑巧克力凝固後，將圖樣從轉寫紙剝離即可。

14 如圖，技巧 2 完成。

04 Decoration

菸捲

步驟說明 Step by step

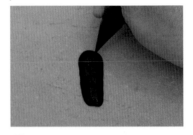

01 以黑色巧克力擠在大理石板上。

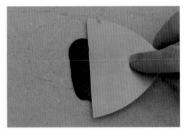

02 將秋葉刀放在 1/2 黑色巧克力上。

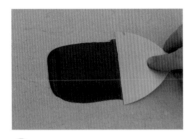

03 承步驟 2，向右平刮巧克力。

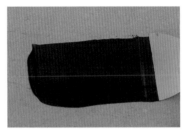

04 重複步驟 3，依序向右平刮巧克力。

05 重複步驟 2-4，將另 1/2 黑色巧克力向右抹平至呈霧面狀。

06 以西餐刀將黑色巧克力快速向右平刮，使巧克力順勢捲起。（註：刀面對桌面的角度約為 45 度角。）

07 最後，重複步驟 6，依序刮出菸捲即可。

08 如圖，菸捲完成。

扇形秋葉

步驟說明 *Step by step*

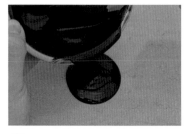

01 將黑色巧克力倒在大理石板上。

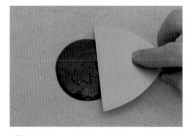

02 將秋葉刀放在黑色巧克力上。

03 承步驟 2，向右平刮巧克力。

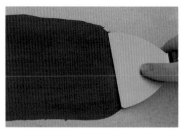

04 重複步驟 2-3，將黑色巧克力向右抹平至巧克力呈霧面狀。

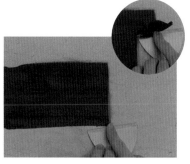

05 將秋葉刀放在約 2 公分寬黑色巧克力下方，手指輕觸巧克力約 0.5 公分。（註：刀面對桌面的角度約為 15 度角。）

06 以秋葉刀快速向前刮，使巧克力順勢捲起，並呈扇形。

07 最後，重複步驟 5-6，依序刮出扇形秋葉即可。

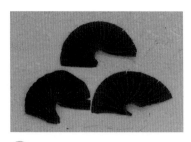

08 如圖，扇形秋葉完成。

巧克力花前置製作

01 | 塑形巧克力製作

材料及工具 Ingredients & Tools

· 食材

① 白巧克力 265 克

② 飲用水 10 克

③ 86% 水麥芽 100 克

· 器具

鋼盆、刮刀、單柄鍋、塑膠袋

步驟說明 Step By Step

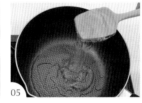

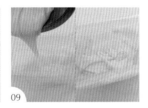

01 將白巧克力倒入鋼盆中。

02 將白巧克力以隔水融化至 35 ～ 40 度備用。

03 將水倒入單柄鍋中。

04 將水麥芽加入單柄鍋中。

05 將水麥芽及水，以小火拌勻至 35 ～ 40 度。

06 如圖，拌勻完成，備用。

07 將水麥芽倒入已融化白巧克力中。

08 承步驟 7，以刮刀將兩者拌勻至呈現霧面狀，即完成白巧克力泥。

09 將白巧克力泥倒入塑膠袋中。

10 最後，將白巧克力泥壓至平整即可。

11 如圖，塑形巧克力完成，待冷卻凝固即可使用。

塑形巧克力製作
影片 QRcode

02 | 調色方法

步驟說明 Step By Step

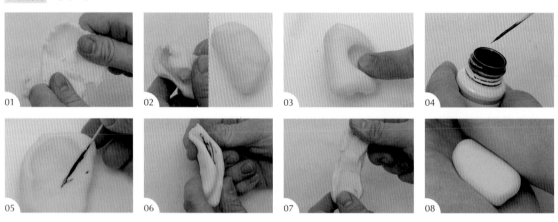

01 將凝固的塑形巧克力捏軟。

02 重複步驟 1，持續將塑形巧克力捏軟。（註：將塑形巧克力揉勻，染色時顏色較容易均勻。）

03 用食指指腹將塑形巧克力壓出凹陷。

04 以牙籤沾取少量色膏。

05 將色膏沾在塑形巧克力的凹陷處。

06 將塑形巧克力兩側包覆色膏，使色膏不會溢出。

07 承步驟 6，持續揉捏塑形巧克力，使顏色均勻。

08 最後，揉捏至顏色均勻即可。

調色 Tinting

原色　黃色　綠色　藍色　淺紫色　深紫色　咖啡色　粉紅色　白色

06 Decoration

梅花

步驟說明 *Step by step*

01 取白色巧克力與咖啡色巧克力。

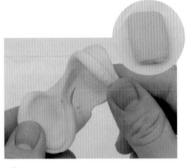

02 將咖啡色巧克力與白色巧克力混合，為淺咖啡色巧克力。

03 將淺咖啡色巧克力放入塑膠袋中，並以擀麵棍擀平。

04 將花形切模放在巧克力上，用指腹將花形切模外的巧克力取出後，拿起花形切模。

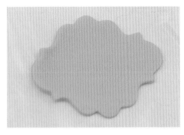

05 如圖，背景完成。

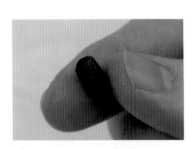

06 取咖啡色巧克力。

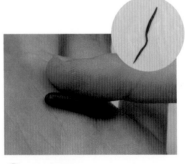

07 承步驟6，用指腹將巧克力搓成長條形，為樹枝。

08 重複步驟7，完成共四根樹枝。

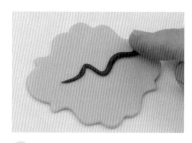

09 將樹枝放在背景上。

10 承步驟9，在樹枝頂端放另一枝樹枝，使圖樣呈現倒 E 狀。

11 重複步驟 9-10，完成樹枝擺放。

12 取白色巧克力，放入塑膠袋中，並以擀麵棍將巧克力擀平。

13 以印模在白色巧克力上壓出紋路，為花瓣。

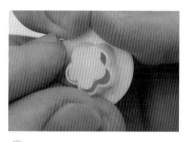

14 承步驟 13，將花瓣從印模中取出。

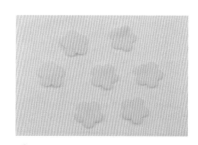

15 重複步驟 13-14，完成共七朵花瓣。

16 以雕塑工具在花瓣上壓出花紋。

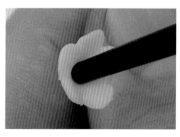

17 承步驟 16，用手為輔助，將花瓣底部向上推，以製作出花形。

18 以塑型工具為輔助,將花瓣放在樹枝上。

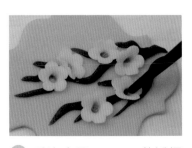

19 重複步驟 16-18,花瓣擺放完成。

20 以塑型工具為輔助,取黃色巧克力放在花瓣中間,為花蕊。

21 重複步驟 20,花蕊擺放完成。

22 以雕塑工具在綠色巧克力中心壓出凹洞。

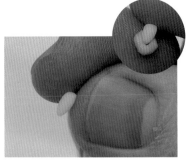

23 承步驟 22,取白色巧克力,將巧克力放在凹洞處,為花苞。

24 以塑型工具為輔助,將花苞放在花瓣旁邊。

25 最後,重複步驟 22-24,將花苞擺放完成即可。

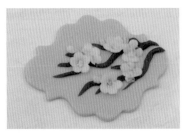

26 如圖,梅花完成。

繡球花

顏色 COLOR

原色、黃色、綠色、藍色、紫色

器具 APPLIANCE

雕塑工具組、擀麵棍、花邊切模、印模、保鮮膜或塑膠袋（墊底用）

01 取原色巧克力，用手掌將巧克力壓扁。

02 將原色巧克力放入塑膠袋中，並以擀麵棍將巧克力擀平。

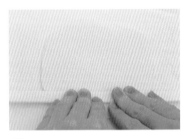

03 將花邊切模放在巧克力底部。

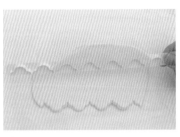

04 承步驟 3，以花邊切模將巧克力多餘的部分去除，呈鋸齒形。

05 重複步驟 3-4，切成三角形，並將多餘的部分去除，即完成背景。

06 取藍色巧克力，用手掌將巧克力壓扁。

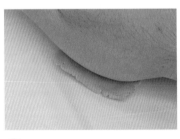

07 取紫色巧克力，用手掌將巧克力壓扁。

08 將壓扁的藍色與紫色巧克力交疊。

09 承步驟 8，將交疊的藍色與紫色巧克力放入塑膠袋中，並以擀麵棍將巧克力擀平。

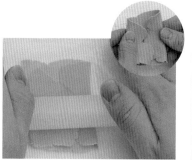

10 將擀平的藍色與紫色巧克力從兩側往中間對折後，再放入塑膠袋中，以擀麵棍擀平。

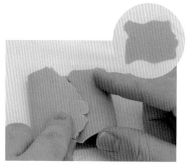

11 重複步驟 10，將巧克力擀平並對折後，重新放入塑膠袋中，再以擀麵棍擀平，呈藍紫色巧克力。

12 以印模在藍紫色巧克力上壓出花形後取出。

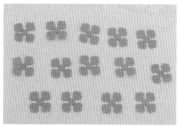

13 重複步驟 12，完成共十四朵花瓣。

14 以塑膠袋覆蓋花瓣，並用指腹將花瓣輕壓扁。

15 將花瓣從塑膠袋取出，並放在背景上。

16 重複步驟 15，將花瓣以交疊方式擺放在背景上，並以雕塑工具將花瓣中心向上推，以製作花叢。

17 用指腹將黃色巧克力搓成圓形，並以雕塑工具為輔助，放在花瓣中間，為花蕊。

18 重複步驟 17，花蕊擺放完成。

19 取綠色巧克力，用指腹將巧克力搓成水滴形，為葉子。

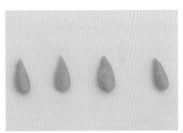

20 重複步驟 19，完成共四片葉子。

21 將葉子放入塑膠袋中，並用指腹將葉子壓扁。

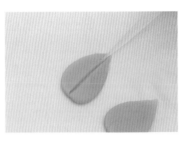

22 先將塑膠袋掀開後，以雕塑工具在葉子上壓出葉梗。

23 以雕塑工具在葉子上壓出葉脈。

24 重複步驟 22-23，完成葉子。

25 以雕塑工具為輔助，將葉子放在花瓣旁邊。

26 最後，重複步驟 25，將葉子擺放完成即可。

康乃馨

顏色 COLOR
原色、粉紅色、綠色

器具 APPLIANCE
雕塑工具組、擀麵棍、
花形切模、花邊切模、
保鮮膜或塑膠袋（墊底
用）

01 取原色巧克力，用手掌將
巧克力壓扁。

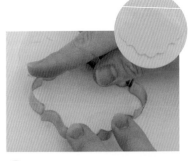

02 將花形切模放在巧克力上，
用指腹將模具外的巧克力
去除後，拿起花形切模，
即完成背景。

03 取粉紅色巧克力，用手掌
將巧克力壓扁。

04 將粉紅色巧克力放入塑膠
袋中，並以擀麵棍將巧克
力擀平。

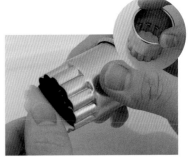

05 以花邊切模工具在粉紅色
巧克力壓出花形後，取出。

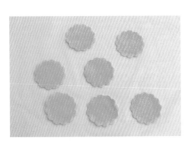

06 重複步驟5，完成共七朵
花瓣。

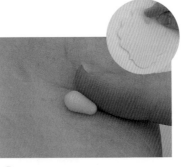

07 用指腹將粉紅色巧克力搓
成水滴形，並放在背景上，
為花苞。

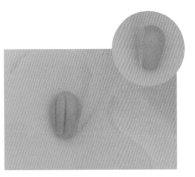

08 以雕塑工具在花苞上壓出
切痕，為紋路。

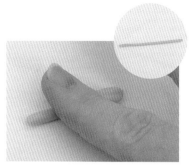

09 取綠色巧克力，用指腹將巧克力搓成長條形，為花梗。

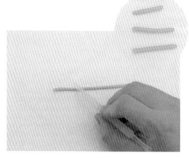

10 承步驟9，以雕塑工具將花梗切成三段。

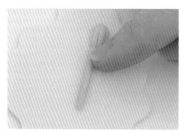

11 將花梗與背景上的花苞相連。

12 重複步驟11，依序擺放花梗。（註：可彎曲葉梗，使花形更自然。）

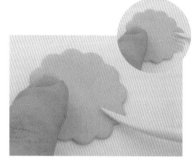

13 以雕塑工具在花瓣側邊壓出紋路。

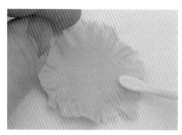

14 以雕塑工具將花瓣邊緣壓薄。

15 用手將花瓣對折後，再從兩側往中間擠壓，以製作花形。

16 重複步驟15，取四朵製作好的花瓣放在左側花梗上。

17 重複步驟15，將兩朵花瓣向上堆疊。

18 重複步驟 15，將一朵花瓣放在右側花梗上。

19 用指腹將綠色巧克力搓成長條形，並以雕塑工具切割成小段。

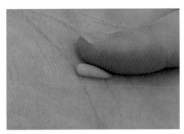

20 承步驟 19，將巧克力用指腹搓成水滴形，為葉子。

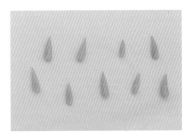

21 重複步驟 19-20，完成共九片葉子。

22 以塑膠袋覆蓋葉子，並用指腹將葉子壓扁。

23 重複步驟 22，將葉子壓扁後，將塑膠袋掀開。

24 將葉子放在花梗上，並以雕塑工具壓出葉脈。

25 承步驟 24，依序在葉子上壓出葉脈。

26 最後，重複步驟 24-25，完成葉子擺放即可。

三色堇

顏色 COLOR
白色、黃色、紫色

器具 APPLIANCE
雕塑工具組、保鮮膜或
塑膠袋（墊底用）

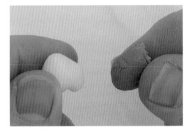

01 取白色巧克力與紫色巧克力。

02 將白色巧克力與紫色巧克力混合，為淺紫色巧克力。

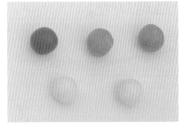

03 取兩個白色圓形巧克力、兩個淺紫色巧克力、一個紫色巧克力。

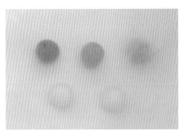

04 承步驟 3，以塑膠袋覆蓋巧克力。

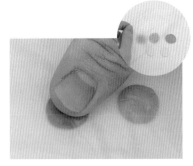

05 用指腹將巧克力壓扁後，將塑膠袋掀開，即完成花瓣。

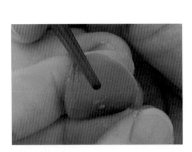

06 以雕塑工具在紫色花瓣上壓出切痕，為花紋。

07 承步驟 6，依序壓出花紋。

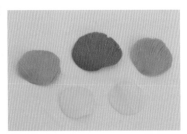

08 重複步驟 6-7，完成花瓣製作。

09 用手為輔助，將紫色花瓣底部向上推，並以雕塑工具加深內部花紋。

10 承步驟 9，以雕塑工具將淺紫色花瓣與紫色花瓣相黏。

11 重複步驟 10，將另一片淺紫色花瓣對稱相黏。

12 承步驟 11，將白色花瓣相黏在兩片淺紫色花瓣中間。

13 重複步驟 12，黏合另外一片白色花瓣。

14 用指腹調整花形。

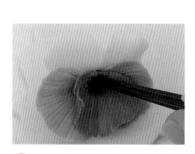

15 以雕塑工具在紫色花瓣底部壓出凹洞。

16 用指腹將黃色巧克力搓成圓形，並以雕塑工具將花蕊放在紫色花瓣凹洞處，為花蕊。

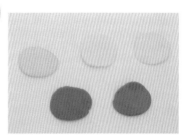

17 取一個黃色巧克力、兩個白色巧克力與兩個紫色巧克力，並用手將巧克力壓扁，為花瓣。

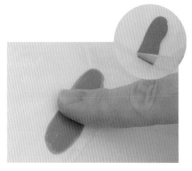

18 取另一塊紫色巧克力，用指腹將巧克力壓成橢圓形，並以雕塑工具切成條狀。

19 以雕塑工具為輔助，將紫色條狀巧克力放在黃色花瓣上。

20 重複步驟 19，完成共三個條狀巧克力的擺放。

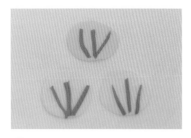

21 重複步驟 18-20，依序在白色巧克力上擺放條狀巧克力。

22 以雕塑工具在白色巧克力以加強固定。

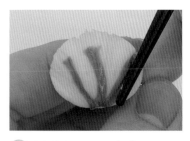

23 以雕塑工具壓出花瓣紋路。

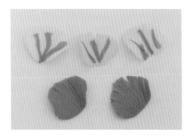

24 重複步驟 22-23，完成花瓣。

25 用手為輔助，將黃色花瓣底部向上推出花形，並以雕塑工具為輔助壓出花朵立體感。

26 承步驟 25，以雕塑工具將白色花瓣與黃色花瓣相黏。

27 重複步驟 26，將另一片白色花瓣對稱相黏。

28 承步驟 27，將紫色花瓣黏在兩片白色花瓣中間。

29 重複步驟 28，黏合另外一片紫色花瓣。

30 以雕塑工具為輔助，將花瓣擺放在背景上，並以雕塑工具在黃色花瓣底部壓出凹洞。

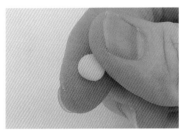

31 用指腹將黃色巧克力搓成圓形。

32 最後，承步驟 31，以雕塑工具將花蕊放在黃色花瓣凹洞處即可。

玫瑰

顏色 COLOR

粉紅色、白色

器具 APPLIANCE

雕塑工具組、保鮮膜或
塑膠袋（墊底用）

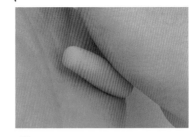

01 取粉紅色巧克力，用手掌
將巧克力搓成長條形。

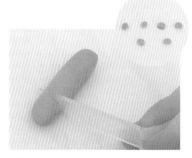

02 以雕塑工具將長條形巧克
力切成六塊，為粉紅色花
瓣。

03 先將粉紅色巧克力加入少
量白色巧克力調成淡粉色
後，用手掌將巧克力搓成
長條形。

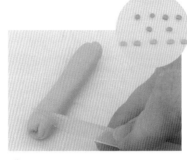

04 以雕塑工具將長條形巧克
力切成五塊，為淡粉色花
瓣。

05 先將淡粉色巧克力加入少
量白色巧克力調成粉白色
後，用手掌將巧克力搓成
長條形。

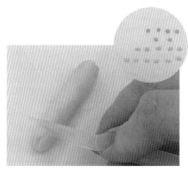

06 以雕塑工具將長條形巧克
力切成六塊，為粉白色花
瓣。

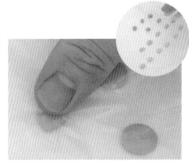

07 先以塑膠袋覆蓋花瓣，再
以指腹壓扁。

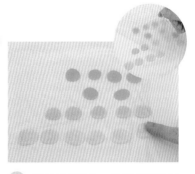

08 重複步驟7，依序將巧克
力邊緣壓薄後，將塑膠袋
掀開。

09 取一片粉紅色花瓣，將花瓣捲起，為花心。

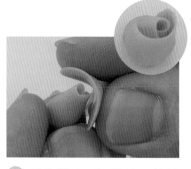

10 承步驟9，取另外一片粉紅色花瓣，將花瓣包覆黏合。

11 重複步驟10，粉紅色花瓣包覆完成。

12 取一片淡粉色花瓣，包覆內層的粉紅色花瓣。

13 用指腹調整花瓣，呈盛開狀。

14 取另外一片淡粉色花瓣，繼續包覆粉紅色花瓣。

15 重複步驟12-14，將淡粉色花瓣包覆完成。

16 取一片粉白色花瓣，包覆內層的粉紅色與淡粉色花瓣。（註：花瓣須往外倒，以呈現綻放感。）

17 最後，重複步驟17，將最外層的粉白色花瓣包覆完成即可。

巧克力糖偶前置製作

01 | 塑形巧克力製作

材料及工具 Ingredients & Tools

· 食材
　① 白巧克力 265 克
　② 飲用水 10 克
　③ 86% 水麥芽 100 克

· 器具
　鋼盆、刮刀、單柄鍋、
　塑膠袋

步驟說明 Step By Step

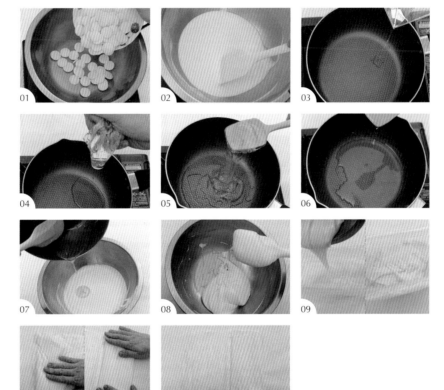

01　將白巧克力倒入鋼盆中。

02　將白巧克力以隔水融化至
　　35 ～ 40 度備用。

03　將水倒入單柄鍋中。

04　將水麥芽加入單柄鍋中。

05　將水麥芽及水,以小火拌
　　勻至 35 ～ 40 度。

06　如圖,拌勻完成,備用。

07　將水麥芽倒入已融化白巧
　　克力中。

08　承步驟 7,以刮刀將兩者拌勻
　　至呈現霧面狀,即完成白巧
　　克力泥。

09　將白巧克力泥倒入塑膠袋中。

10　最後,將白巧克力泥壓至平
　　整即可。

11　如圖,塑形巧克力完成,待
　　冷卻凝固即可使用。

塑形巧克力製作
影片 QRcode

- 巧克力融化時可用隔水加熱或微波融化，切記溫度不可以過高。
- 水麥芽及水一同加熱使麥芽融化即可，不用煮滾。
- 兩者拌勻時均勻即可，勿一直攪拌，會油水分離。

- 沒用完的塑形巧克力短期可放在陰涼處儲存，如要長時間保存建議冷凍，前一天取出退冰即可使用。
- 巧克力可依季節調整用量，天熱時可用 270 ~ 280g、天冷時可用 260 ~ 265g，操作時覺得太軟，再次製作時可增加巧克力，太硬則減少巧克力。

02 ｜ 調色方法

步驟說明 Step By Step

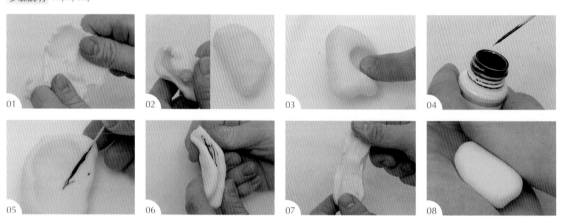

01 將凝固的塑形巧克力捏軟。

02 重複步驟 1，持續將塑形巧克力捏軟。（註：將塑形巧克力揉勻，染色時顏色較容易均勻。）

03 用食指指腹將塑形巧克力壓出凹陷。

04 以牙籤沾取少量色膏。

05 將色膏沾在塑形巧克力的凹陷處。

06 將塑形巧克力兩側包覆色膏，使色膏不會溢出。

- 染色可依喜好調整濃淡，建議少量添加，覺得不夠深再增加用量。

07 承步驟 6，持續揉捏塑形巧克力，使顏色均勻。

- 色膏亦可使用色粉，但須先以開水調成膏狀後，再加入揉勻。

08 最後，揉捏至顏色均勻即可。

- 染色前皆須將巧克力揉均勻，再進行染色，顏色比較容易均勻。

調色 Tinting

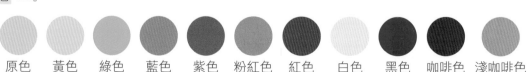

原色　黃色　綠色　藍色　紫色　粉紅色　紅色　白色　黑色　咖啡色　淺咖啡色

美人魚

步驟說明 *Step by step*

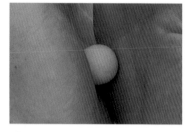

01 用手掌將原色巧克力搓成圓形。

02 用手指在中間處壓出眼窩凹痕，為頭部。

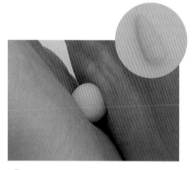

03 用手掌將原色巧克力搓成水滴形，為身體。

04 用指腹將原色巧克力搓成水滴形，為手部。

05 將手部與身體黏合，為右手。

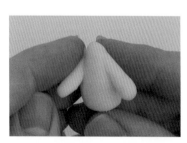

06 重複步驟 4-5，完成左手。

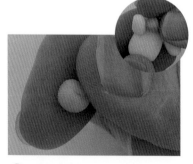

07 用指腹將粉紅色巧克力搓成圓形，並放在身體上，為貝殼。

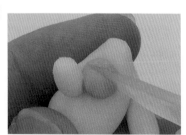

08 以雕塑工具在貝殼上壓出兩條切痕。

09 重複步驟 7-8，完成右側
貝殼紋路。

10 用手掌將淺咖啡色巧克力
搓成橢圓形。

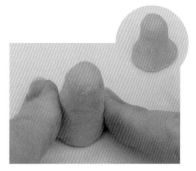

11 將橢圓形淺咖啡色巧克力
放在桌面上，再用指腹將
巧克力底部往兩側壓，為
石頭。

12 以雕塑工具在石頭側邊壓
出切痕，為紋路。

13 重複步驟 12，完成石頭側
邊紋路。

14 以雕塑工具在石頭底部戳
洞。

15 重複步驟 14，完成石頭底
部孔洞製作。

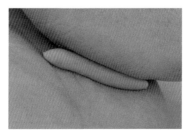

16 用手掌將綠色巧克力搓成
長條形。

17 承步驟 16，以雕塑工具切
成五小塊。

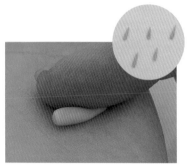

18 承步驟 17，將切下的小塊巧克力用指腹搓成水滴形，為海草。

19 以塑膠袋覆蓋，將海草壓扁。

20 重複步驟 19，將海草壓扁後，將塑膠袋掀開。

21 以雕塑工具為輔助，將海草放在石頭側邊。

22 用指腹調整海草的形狀。

23 重複步驟 21-22，完成右側海草的擺放。

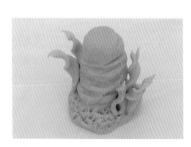

24 重複步驟 21-22，完成左側海草的擺放。

25 用手掌將粉紅色巧克力搓成水滴形。

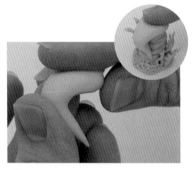

26 承步驟 25，用指腹將巧克力彎曲，為美人魚尾巴。

㉗ 將身體與尾巴黏合。

㉘ 用指腹將粉紅色巧克力搓成長條形，並放在身體與尾巴相連處，為臀鰭。

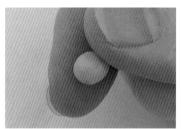

㉙ 用指腹將粉紅色巧克力搓成圓形。

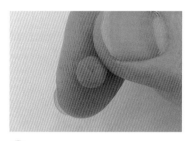

㉚ 用指腹將紅色巧克力搓成圓形。

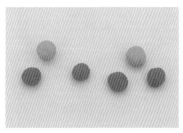

㉛ 重複步驟 29-30，共完成兩個粉紅色圓形巧克力與四個紅色圓形巧克力。

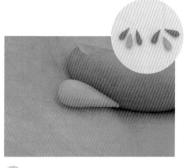

㉜ 承步驟 31，將粉紅色及紅色巧克力搓成水滴形。

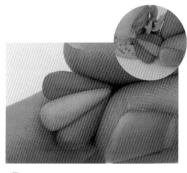

㉝ 將粉紅色水滴形巧克力與兩個紅色巧克力黏合，為尾鰭，並放在尾巴下側。

㉞ 重複步驟 33，完成左側尾鰭。

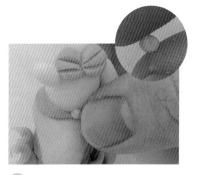

㉟ 用指腹將粉紅色巧克力搓成圓形，並放在臀鰭上，為裝飾。

㊱ 重複步驟 35，臀鰭裝飾完成。

㊲ 用指腹將白色巧克力搓成圓形，並放在尾鰭上側，為裝飾。

㊳ 重複步驟 37，尾鰭裝飾完成。

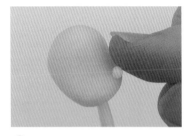

㊴ 以雕塑工具固定頭部，將原色巧克力放在頭部凹陷處，為鼻子。

㊵ 取黑色巧克力，將小段巧克力放在頭部頂端處，為眉毛。

㊶ 重複步驟 40，完成右側眉毛。

㊷ 以雕塑工具為輔助，將小段黑色巧克力放在眉毛下側，並調整成倒 U 形後，即完成眼睛。

㊸ 重複步驟 42，完成左側眼睛。

㊹ 以雕塑工具在鼻子下側戳洞。

45 將粉紅色巧克力搓成圓形後，放在鼻子下側，為嘴巴。

46 以雕塑工具在嘴巴上壓出切痕，為嘴唇。

47 以雕塑工具將頭部底端戳洞，並將頭部與身體黏合。

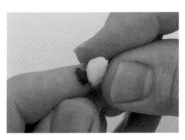

48 將白色巧克力與黑色巧克力混合，為灰色巧克力。

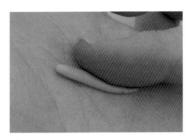

49 用指腹將灰色巧克力搓成長條形。

50 將灰色長條形巧克力以螺旋形方式捲起，並放在左手上，為海螺。

51 用手掌將紅色巧克力壓扁，再以雕塑工具切成正方形。

52 以雕塑工具在紅色正方形巧克力上壓出切痕，為頭髮線條。

53 重複步驟 52，依序壓出頭髮線條。

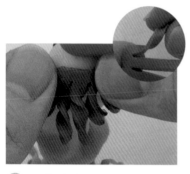  

54 用指腹將頭髮線條分開搓捲，並黏貼在頭部背面。（註：將頭髮線條分開，可使頭髮更自然。）

55 重複步驟 51-54，再製作一層頭髮。

56 重複步驟 51-55，完成正面頭髮的製作。

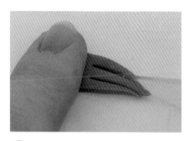  

57 重複步驟 51，先製作紅色水滴形巧克力後，再以雕塑工具壓出切痕，為瀏海。

58 將瀏海放在正面的頭髮上。

59 以雕塑工具在頭皮上壓出切痕，為頭髮分線。

60 最後，重複步驟 59，完成頭髮分線後即可。

61 如圖，美人魚完成。

小木偶

步驟說明 *Step by step*

01 用手掌將巧克力搓成圓形。

02 用指腹將圓形巧克力捏成
半圓形。

03 用手掌將黃色巧克力搓成
水滴形。

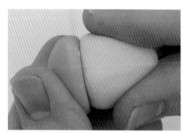

04 將藍色半圓形巧克力與黃
色水滴形巧克力黏合，為
衣服與褲子。

05 用指腹將藍色巧克力搓成
三角形，並放在褲子的左
側，為左腳。

06 重複步驟 5，完成右腳製
作。

07 用指腹將咖啡色巧克力搓
成橢圓形後放在腳上，為
鞋子。

08 重複步驟 7，完成右側鞋
子製作。

09 以雕塑工具在鞋子上壓出切痕，為鞋底紋路。

10 重複步驟 9，繼續壓出左側鞋底紋路。

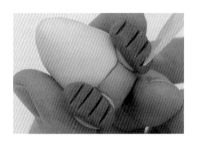

11 重複步驟 9-10，完成右側鞋底紋路。

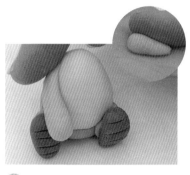

12 用指腹將淺咖啡色巧克力搓成水滴形，並放在衣服側邊，為左手。

13 重複步驟 12，完成右手製作。

14 用指腹將黃色巧克力搓成圓形後壓扁。

15 以雕塑工具將黃色扁形巧克力對切，並放在衣服與手的連接處，為右側袖子。

16 重複步驟 15，完成左側袖子。

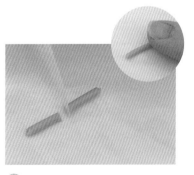

17 用指腹將藍色巧克力搓成長條形後，以雕塑工具對切。

  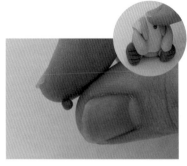

18 以雕塑工具為輔助,將藍色長條形巧克力放在衣服上,為左側吊帶。

19 重複步驟 18,完成右側吊帶製作。

20 用指腹將咖啡色巧克力搓成小球後,放在吊帶與衣服中間,為鈕扣。

 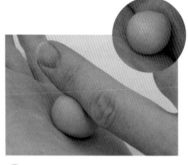 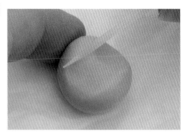

21 重複步驟 20,完成第二顆鈕扣。

22 用手掌將淺咖啡色巧克力搓成圓形,並用手指側邊在中間壓出凹痕。

23 以雕塑工具將步驟 22 巧克力上側多餘的部分切除,為頭部。

 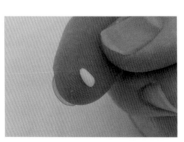 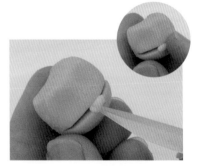

24 以雕塑工具在頭部下緣處壓出凹痕,為嘴巴。

25 用指腹將白色巧克力搓成長條形。

26 將白色長條形巧克力放在嘴巴中間,並以雕塑工具壓出切痕,為牙齒。

㉗ 重複步驟 26，完成齒痕。

㉘ 以雕塑工具在牙齒左側壓出切痕。

㉙ 重複步驟 28，完成右側切痕，為下巴。

㉚ 以雕塑工具在臉部正面戳洞，以定位眼部。

㉛ 重複步驟 30，在右側戳另外一個洞。

㉜ 用指腹將黑色巧克力搓成圓形後，放在戳洞處，為左側眼睛。

㉝ 重複步驟 32，完成右側眼睛製作。

㉞ 用指腹將白色巧克力搓成圓形，並放在眼睛上，為左側反光白點。

㉟ 重複步驟 34，完成右側反光白點製作。

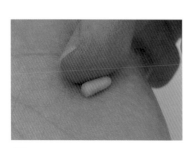

㊱ 用指腹將淺咖啡色巧克力搓成長條形。

㊲ 先以雕塑工具在牙齒上側戳洞後,將淺咖啡色長條形巧克力放在戳洞處,為鼻子。

㊳ 用指腹將紅色巧克力搓成圓形後壓扁,並放在衣服頂端,為衣領。

㊴ 將頭部與身體黏合。

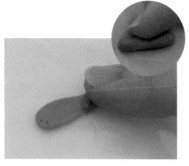

㊵ 用指腹將紅色巧克力搓成長條形後壓扁。

㊶ 以雕塑工具將長條扁形巧克力兩側向中間收起。

㊷ 承步驟 41,以雕塑工具為輔助,先將巧克力上下兩側往中間壓後,放在衣服上側,為緞帶。

㊸ 用指腹將紅色巧克力搓成圓形,並以雕塑工具為輔助,將紅色圓形巧克力放在緞帶中間,為領結。

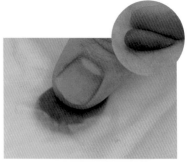

㊹ 用指腹將咖啡色巧克力搓成水滴形,並放入塑膠袋後壓扁。

45 承步驟 44，以雕塑工具在巧克力上壓出切痕，為頭髮線條。

46 重複步驟 45，依序壓出頭髮線條。

47 將頭髮放在頭部頂端處後，順著頭型將頭髮壓平擺放，即完成右側頭髮製作。

48 重複步驟 44-47，完成左側頭髮製作。

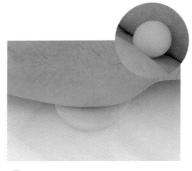

49 用手掌將黃色巧克力搓成圓形後壓扁，為帽簷。

50 將帽簷放在頭髮上。

51 用指腹調整帽簷的邊緣，使帽簷產生自然翹起感。

52 將藍色巧克力搓圓後，壓平，放在帽簷上，為帽圍。

53 重複步驟 52，用指腹搓出黃色圓形巧克力，並放上帽圍上方後，即完成帽子。

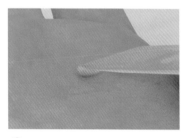
54 將綠色巧克力搓成水滴形後，以雕塑工具在中間壓出切痕，為葉子。

55 將葉子放在鼻子旁邊。

56 用指腹將紅色巧克力搓成水滴形後，放入塑膠袋中壓扁。

57 以雕塑工具在紅色扁水滴形巧克力上壓出直線切痕。

58 承步驟 57，依序壓出左側切痕。

59 重複步驟 58，完成右側切痕，為羽毛。

60 最後，以雕塑工具為輔助，將羽毛放在帽圍側邊裝飾即可。

61 如圖，小木偶完成。

聖誕老人

步驟説明 Step by step

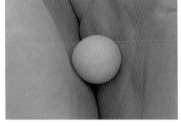

01 用手掌將原色巧克力搓成圓形。

02 用手指在原色圓形巧克力側邊壓出凹痕，為頭部。

03 用手掌將白色巧克力搓成長條形。

04 將白色長條形巧克力放在頭部下側，為鬍子。

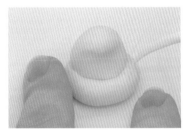

05 以雕塑工具在鬍子處戳洞，製造蓬鬆感。

06 重複步驟 5，繼續戳出蓬鬆感。

07 用手掌將白色巧克力搓成長條形，放在頭部上側，為頭髮。

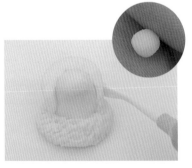

08 用指腹將原色巧克力搓成圓形，並以雕塑工具為輔助，放在頭部側邊，為右耳。

09 重複步驟 8，完成左耳。

10 以雕塑工具在臉部左側戳洞，以定位眼部。

11 重複步驟 10，在右側戳洞。

12 用指腹將黑色巧克力搓成圓形後，放在戳洞處，為左側眼睛。

13 重複步驟 12，完成右側眼睛。

14 以雕塑工具為輔助，將白色巧克力搓圓後，放在眼睛上，為左側反光白點。

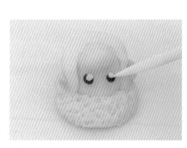

15 重複步驟 14，完成右側反光白點。

16 將白色巧克力搓成橢圓形後，放在眼睛上側，為左側眉毛。

17 重複步驟 16，完成右側眉毛。

18 用指腹將原色巧克力搓成水滴形，並放在眼睛下側，為左側鬍子。

19 重複步驟 18，完成右側鬍子。

20 將原色圓形巧克力放在鬍子連接處，為鼻子。

21 將紅色巧克力搓圓後，放在鬍子下側，為嘴巴，並以雕塑工具壓出唇紋。

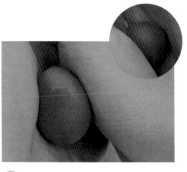

22 用手掌將紅色巧克力搓成水滴形，為衣服。

23 用指腹將黑色巧克力搓成長條形，並放入塑膠袋中壓扁，為皮帶。

24 將衣服與皮帶黏合。

25 用指腹將黃色巧克力搓成長條形，並彎曲成圓形，為皮帶扣。

26 承步驟 25，將皮帶扣與皮帶黏合。

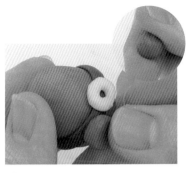

27 用指腹將咖啡色巧克力搓成圓形，並放在皮帶左下側，為鞋子。

28 重複步驟 27，完成右側鞋子。

29 以雕塑工具在鞋子壓出切痕，為鞋底紋路。

30 重複步驟 29，依序壓出鞋底紋路。

31 重複步驟 29-30，完成右側鞋底紋路。

32 用指腹將紅色巧克力搓成水滴形，並放在衣服左側，為袖子。

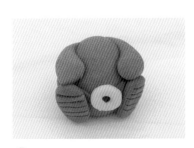

33 重複步驟 32，完成右側袖子。

34 用指腹將白色巧克力搓成圓形。

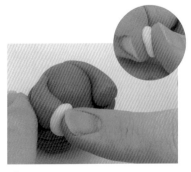

35 將白色圓形巧克力壓扁後，並放在袖子前端，為袖口。

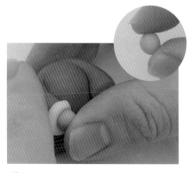

㊱ 用指腹將綠色巧克力搓成圓形，並放在袖口前端，為手部。

㊲ 重複步驟 35-36，完成右側袖口與手部。

㊳ 先用指腹將白色巧克力搓成長條形，並斜放在衣服上，為衣領。

㊴ 用指腹將白色巧克力搓成圓形後壓扁，放在衣服頂端。

㊵ 將頭部與身體黏合。

㊶ 用指腹將白色巧克力搓成圓形後壓扁，並放在頭頂上，為帽簷。

㊷ 用指腹將紅色巧克力搓成水滴形後，先放在帽簷上方，再將尾端往下彎折，即完成帽子。

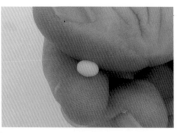

㊸ 用指腹將白色巧克力搓成圓形。

㊹ 最後，承步驟 43，將白色圓形巧克力放在帽子尖端做裝飾即可。

小魔女

顏色 COLOR
紅色、原色、紫色、黑
色、黃色、綠色、咖啡
色、淺咖啡色

器具 APPLIANCE
雕塑工具組、塑膠袋或
保鮮膜（墊底用）

步驟說明 *Step by step*

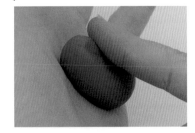

01 用手掌將紫色巧克力搓成橢圓形。

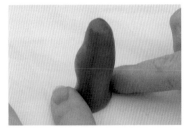

02 用指腹將橢圓形巧克力捏出曲線狀，為小魔女的衣服。

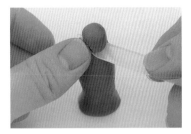

03 以雕塑工具將頂端多餘的部分切除。

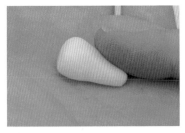

04 用指腹將原色巧克力搓成水滴形，為脖子。

05 將脖子與衣服黏合。

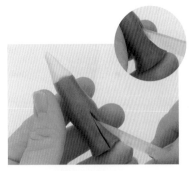

06 以雕塑工具在衣服中間切出三角形切痕。

07 承步驟 6，將切除的三角形取下。

08 以雕塑工具在衣服上壓出切痕，為皺褶。

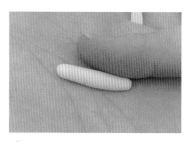

09 用指腹將原色巧克力搓成長條形，為腳部。

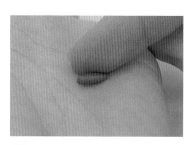

10 用指腹將紫色巧克力搓成長條形，為鞋子。

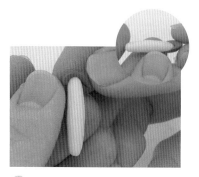

11 將腳部與鞋子黏合。

12 承步驟11，與衣服黏合。（註：將腳放在衣服三角形缺口，使腳部露出。）

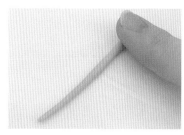

13 用指腹將淺咖啡色巧克力搓成長條形。

14 先將淺咖啡色長條形巧克力彎曲，再以螺旋形方式扭轉。

15 承步驟14，將巧克力圈放在衣服腰間，為腰帶。

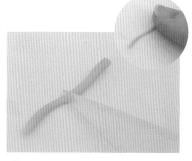

16 用指腹將淺咖啡色巧克力搓成長條形，再以雕塑工具對切。

17 將淺咖啡色長條形巧克力放在腰帶前端。

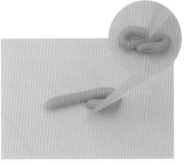

18 重複步驟 17，將另一條巧克力放在腰帶前端，為緞帶鬚邊。

19 用指腹將淺咖啡色巧克力搓成長條形，再以雕塑工具將巧克力從兩側彎折。

20 以雕塑工具為輔助，將巧克力放在緞帶鬚邊中間，為蝴蝶結。

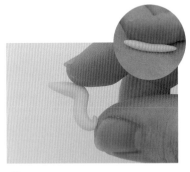

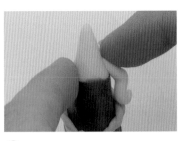

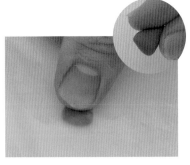

21 用指腹將原色巧克力搓成長條形，並彎折成閃電形，為手部。

22 承步驟 21，將手放在衣服側邊，為右手。

23 用指腹將紫色巧克力搓成水滴形後，放入塑膠袋中壓扁。

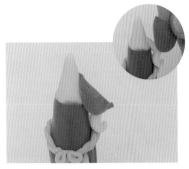

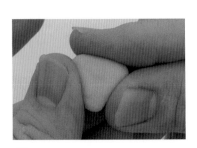

24 承步驟 23，將壓扁的巧克力放在右手與脖子的連接處，為衣服袖口。

25 以雕塑工具在衣服袖口壓出切痕，為皺褶。

26 用指腹將淺咖啡色巧克力捏成三角形。

27 承步驟 26，以雕塑工具壓出切痕，為掃帚毛刷。

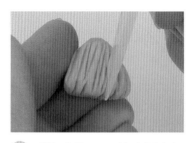

28 重複步驟 27，依序壓出掃帚毛刷。

29 將掃帚毛刷放在身體前方。

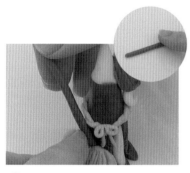

30 用指腹將咖啡色巧克力搓成長條形，為掃帚握把，並將握把與毛刷黏合。

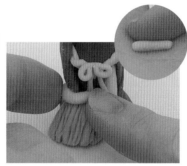

31 用指腹將淺咖啡色巧克力搓成長條形，並放在握把與毛刷的連接處。

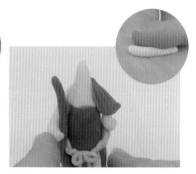

32 先用指腹將原色巧克力搓成長條形後，放在衣服左側，與握把黏合，為左手。

33 用指腹將紫色巧克力捏成三角形，並放入塑膠袋中壓扁。

34 承步驟 33，以雕塑工具壓出切痕，為袖口皺褶。

35 重複步驟 34，繼續壓出袖口皺褶。

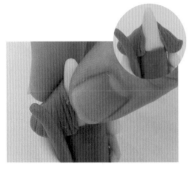

㊱ 將袖口放在左手與脖子的連接處。

㊲ 用指腹將紫色巧克力搓成長條形，並繞在脖子上，為圍巾。

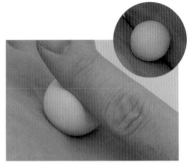

㊳ 用指腹將原色巧克力搓成圓形，並用手指側邊在中間壓出眼窩凹痕，為頭部。

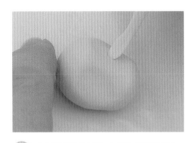

㊴ 以雕塑工具在臉部戳洞，以定位眼部。

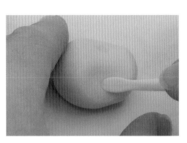

㊵ 重複步驟 39，在臉部左側戳洞。

㊶ 用指腹將黑色巧克力搓成圓形，並放在戳洞處，為眼睛。

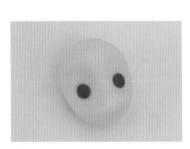

㊷ 如圖，眼睛製作完成。

㊸ 將小段黑色巧克力放在眼睛上側，為眉毛。

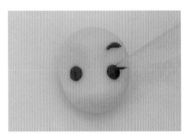

㊹ 以雕塑工具取少量黑色巧克力，在右側眼睛勾出眼尾線條。

45 重複步驟 43-44，完成左側眉毛與左眼眼尾線條。

46 用指腹將白色巧克力搓成圓形，並放在眼睛上，為右側反光白點。

47 重複步驟 46，完成左側反光白點。

48 用指腹將紅色巧克力搓成愛心形，放在臉部下緣處，再以雕塑工具壓出唇紋，即完成嘴巴。

49 用指腹將原色巧克力搓成圓形，並放在嘴巴上側，為鼻子。

50 以雕塑工具將眉毛上半部多餘的巧克力切除。

51 以雕塑工具將頭部底端戳洞。

52 將頭部與身體黏合。

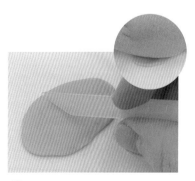

53 用手掌將綠色巧克力壓扁，再以雕塑工具對切。

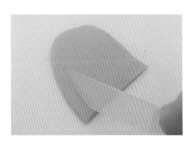

54 以雕塑工具在巧克力壓出切痕，為頭髮線條。

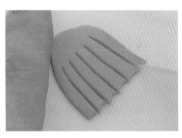

55 重複步驟 54，依序壓出頭髮線條。

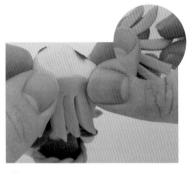

56 用指腹將頭髮線條分開，並黏貼在頭部背面。

57 重複步驟 53-56，再製作一層頭髮。

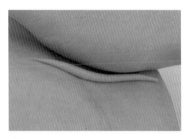

58 用手掌將綠色巧克力搓成長條形。

59 將綠色長條形巧克力彎折成 W 字形，為瀏海。

60 將瀏海放在頭部正面的右側。

61 重複步驟 58-60，完成左側瀏海。

62 用手掌將紫色巧克力搓成圓形後壓扁，為帽簷。

63 用手掌將紫色巧克力搓成水滴形，為帽頂。

64 將帽頂和帽簷相黏合，為帽子。

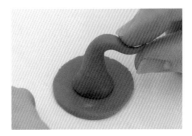

65 承步驟 64，將帽子尖端彎折，增加自然度。

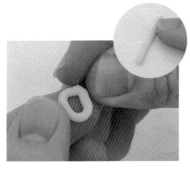

66 用指腹將黃色巧克力搓成長條形後，彎折成橢圓形，為帽子裝飾。

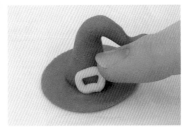

67 將帽子裝飾放在帽簷上方。

68 將帽子與頭髮黏合。

69 最後，以指腹調整帽子形狀即可。

70 如圖，小魔女完成。

熊布偶

材料及工具
Materials & Tools

顏色 COLOR

紅色、黑色、原色、淺咖啡色

器具 APPLIANCE

雕塑工具組、塑膠袋或保鮮膜（墊底用）

步驟說明　*Step by step*

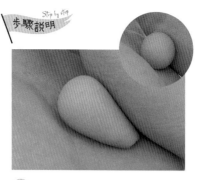

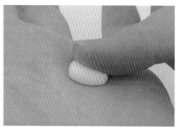

01 用手掌將淺咖啡色巧克力搓成水滴形，為身體。

02 用指腹將原色巧克力搓成蛋形。

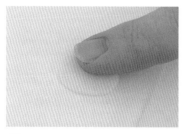

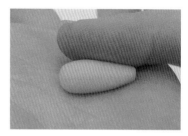

03 將原色蛋形巧克力放入塑膠袋中壓扁，為肚子。

04 將肚子與身體黏合。

05 用指腹將淺咖啡色巧克力搓成水滴形。

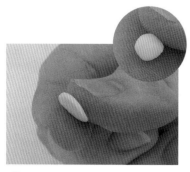

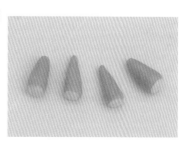

06 用指腹將原色巧克力搓成圓形後壓扁。

07 將咖啡色水滴形巧克力與原色圓形巧克力黏合。

08 重複步驟 5-7，完成四個水滴形巧克力。

339

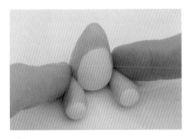
09 將兩個水滴形巧克力放在身體兩側,為腳部。

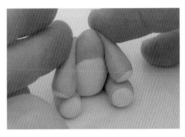
10 重複步驟 9,完成手部擺放。

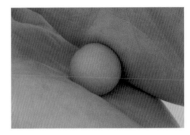
11 用手掌將淺咖啡色巧克力搓成圓形,為頭部。

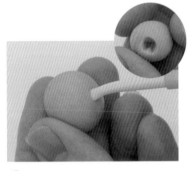
12 承步驟 11,以雕塑工具將頭部下側戳洞。

13 將頭部與身體黏合。

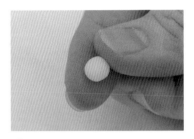
14 用指腹將原色巧克力搓成圓形,為吻部。

15 將吻部放在頭部下緣。

16 用指腹將原色巧克力搓成圓形,放在頭部頂端兩側,為耳朵。

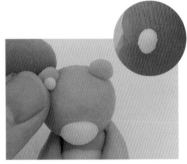
17 將原色巧克力搓成橢圓形後,放在耳朵裡,為耳窩。

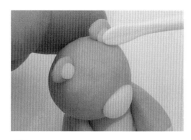

（18）重複步驟 17，以雕塑工具為輔助，完成右側耳窩。

（19）用指腹將紅色巧克力搓成長條形。

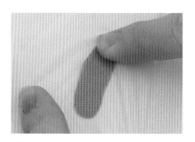

（20）將紅色長條形巧克力放入塑膠袋中壓扁。

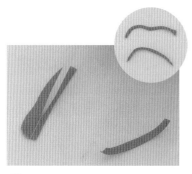

（21）以雕塑工具將紅色扁形巧克力切成兩個細長條形。

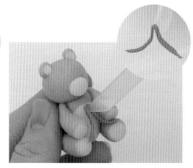

（22）以雕塑工具為輔助，將紅色長條形巧克力對折後，放在身體上方，為緞帶。

（23）以雕塑工具為輔助，將紅色長條形巧克力兩側往中間彎折，為蝴蝶結。

（24）以雕塑工具為輔助，將蝴蝶結放在緞帶中間。

（25）以雕塑工具在左手邊緣壓出切痕，為布偶縫線。

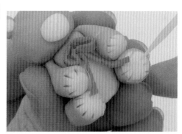

（26）重複步驟 25，完成右手與腳部的縫線製作。

㉗ 以雕塑工具從吻部往左耳壓出斜虛線切痕,為左側縫線。

㉘ 重複步驟 27,完成右側縫線。

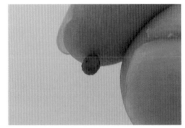

㉙ 用指腹將黑色巧克力搓成圓形,為鼻子。

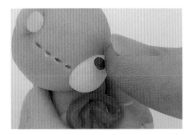

㉚ 將鼻子放在吻部頂端處。

㉛ 用指腹將黑色巧克力搓成圓形,並放在臉部左側縫線處,為左眼。

㉜ 最後,重複步驟 31,完成右眼即可。

㉝ 如圖,熊布偶完成。

糖霜擠花前置製作

01 | 糖霜製作

材料及工具 Ingredients & Tools

· 食材
　① 糖粉 225 克
　② 蛋白粉 13 克
　③ 水 37 克

· 器具
　電動攪拌機、刮刀、篩網

糖霜製作
影片 QRcode

步驟說明 Step By Step

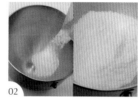
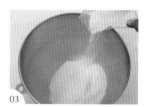

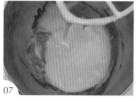

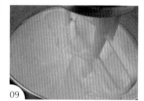
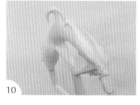

01　將糖粉過篩。

02　將糖粉倒入攪拌缸中。

03　加入蛋白粉。

04　將蛋白糖粉稍微拌勻。

05　加入水。

06　將蛋白糖水拌勻。

07　如圖，蛋白糖糊完成。

08　以中低速將蛋白糖糊打發。

09　重複步驟 8，持續打發至蛋白糖糊至變成白色。

10　承步驟 9，打發完成，呈現彎鉤狀。

11　如圖，糖霜完成。

步驟說明 Step By Step

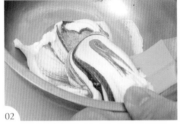
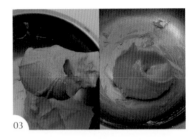

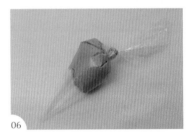

01 取已沾色膏的牙籤，並沾在糖霜上。

02 以刮刀將糖霜與色膏拌勻。

03 重複步驟 2，繼續將色膏與糖霜攪勻。

04 將糖霜裝入三明治袋中。

05 承步驟 4，將裝好糖霜的三明治袋尾端打結。

06 如圖，糖霜填裝完成。

Tips

◆ 染色可依喜好調整濃淡，建議少量添加，覺得不夠深再增加用量。

調色 Tinting

白色　黃色　紅色　橘色　粉紅色　墨綠色　咖啡色

03 | 花嘴裝法

01

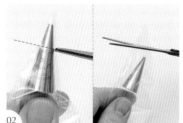
02

03

04

05

06

01 　將花嘴放入三明治袋中。

02 　用剪刀將三明治袋尖端平剪。（註：約花嘴前端 1/3 處，如圖上紅線所示。）

03 　將花嘴往前推至三明治袋開口，以確定花嘴可剛好卡住開口。

04 　取已裝糖霜的三明治袋，並以剪刀剪出開口。（註：糖霜裝法請參考 P.344 步驟 4-6。）

05 　最後，將糖霜放入花嘴三明治袋中即可。

06 　如圖，花嘴裝法完成。

04 | 花嘴及轉接頭裝法

01

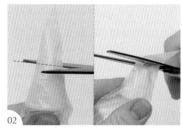
02

03

01 　將花嘴轉接頭放入擠花袋中。

02 　用剪刀將擠花袋尖端平剪。（註：頂端往下剪至轉接頭第一道凸出紋路處，如圖上紅線所示。）

03 　將轉接頭往前推至擠花袋開口，以確定轉接頭可剛好卡住開口。

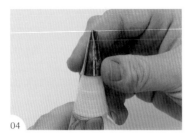 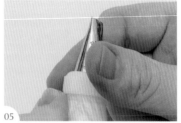 

04 在轉接頭上放上花嘴。

05 在轉接頭上轉入固定環。

06 取已裝糖霜的三明治袋，並以剪刀剪出開口。（註：糖霜裝法請參考 P.344 步驟 4-6。）

07 最後，將糖霜放入花嘴三明治袋中即可。

08 如圖，花嘴裝法完成。

05 | 擠花袋拿法

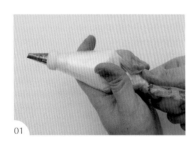 

01 將擠花袋尾端扭緊。

02 以食指和大拇指握住，並以虎口夾緊尾端，即可進行擠花。（註：如果手指力道不足，亦可用虎口夾緊擠花袋尾端，以握拳姿勢擠花。）

Tips

◆ 如果是左撇子的讀者，方向皆須相反，包含擠以下花型時的方向。

小雛菊＆殷草花組合

小雛菊

材料 & 工具
Materials / Tools

顏色
Color
白色（花瓣）、咖啡色（花蕊）

器具
Appliance
#57S 花嘴、#3 花嘴、花釘、油紙、擠花袋、轉接頭

步驟說明
Step By Step

01 以 #57S 在花釘中心擠一點白色糖霜。

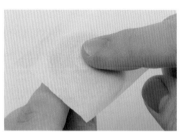

02 將方型油紙放置在花釘上，並用手按壓固定。

03 將 #57S 花嘴由圓心往 12 點方向擠出再回到圓心，形成一個倒水滴形。

04 如圖，第一片花瓣完成。

05 將第一片花瓣往前轉至 11 點方向，使 #57S 花嘴回到圓心一樣往 12 點方向擠出再回到圓心，形成第二個倒水滴形。

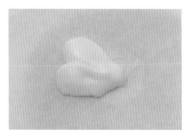

06 如圖，第二片花瓣完成。

07 重複步驟 3-5，依序擠出花瓣。

08 如圖，花瓣完成。

09 將 #3 花嘴垂直在花瓣中央交界處定點擠出錐形糖霜。

10 重複步驟 9，依序擠出花蕊。

11 重複步驟 9，將所有花蕊完成。

12 如圖，小雛菊完成。

13 最後，將小雛菊連同油紙從花釘上取下後，放乾定型即可。

殷草花

材料 & 工具
Materials & Tools

顏色
Color 　黃色（花蕊）、粉紅色（花瓣）

器具
Appliance 　#57S 花嘴、#3 花嘴、花釘、油紙、擠花袋、轉接頭

步驟說明
Step By Step

01 在花釘中心擠一點粉紅色糖霜。

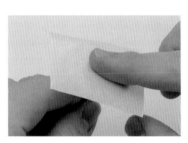

02 將方型油紙放置在花釘上，並用手按壓固定。

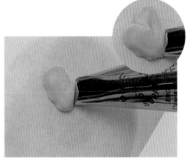

03 將 #57S 花嘴由圓心往 12 點方向擠出，往回至 1/3 處再擠至 12 點，再回到圓心，形成一個愛心形。

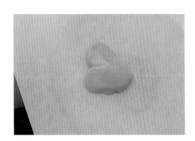

04 如圖，第一片花瓣完成。

05 重複步驟 3，依序擠出花瓣。

06 重複步驟 3，完成所有花瓣。

07 如圖，花瓣完成。

08 將 #3 花嘴垂直在花瓣中心擠出圓形，為花蕊。

09 重複步驟 8，依序擠出花蕊。

10 重複步驟 8，完成花蕊製作。

11 如圖，殼草花完成。

12 最後，將殼草花連同油紙從花釘上取下後，放乾定型即可。

枝葉、藤蔓
製作及組合

材料 & 工具
Materials Tools

顏色 綠色（葉子、藤蔓）、粉色（殷草花）、白色（小雛菊）
Color

器具 #ST50 花嘴、#3 花嘴、花釘、油紙、擠花袋、盤子、
Appliance 轉接頭

步驟說明 Step By Step

01 以綠色糖霜（#3 花嘴）在盤子左側擠出向上的弧形。（註：藤蔓的生長方向，以盤子的弧度為主。）

02 重複步驟 1，依序擠出弧形。

03 以綠色糖霜在盤子左側擠出向下的弧形。

04 重複步驟 3，依序擠出弧形。

05 如圖，藤蔓莖部完成。

06 在殷草花背面擠一點糖霜。

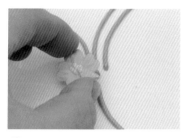

07 將殷草花放在藤蔓莖部中間留白處，為主花。

08 在小雛菊背面擠一點糖霜。

09 將小雛菊放在殷草花側邊。

10 重複步驟 6-9，依序完成殷草花和小雛菊的擺放。

11 重複步驟 6-9，殷草花和小雛菊擺放完成。

12 以綠色糖霜（#ST50 花嘴）在花朵側邊擠出葉形。

13 重複步驟 12，依序擠出葉形，即完成藤蔓葉子。

14 重複步驟 12，在藤蔓莖部上依序擠出葉形。（註：藤蔓數量可依個人需求增減。）

15 最後，重複步驟 12，在藤蔓莖部上擠出葉形，即完成枝葉、藤蔓製作及組合。

玫瑰組合

花苞

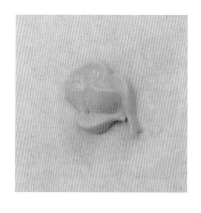

顏色
Color　橘色（花瓣）

器具
Appliance　#57S 花嘴、花釘、油紙、擠花袋、轉接頭

步驟說明 Step Step By

01 在花釘中心擠一點橘色糖霜。

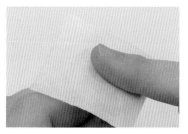

02 將方型油紙放置在花釘上，並用手按壓固定。

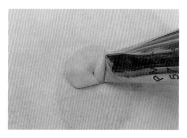

03 將 #57S 以 1 點鐘方向，將花釘順時針轉、花嘴順時針擠出貝殼形，為第一片花瓣。

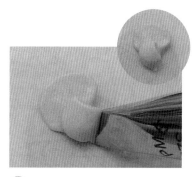

04 由第一片花瓣中心往下擠出 C 形，為第二片花瓣。

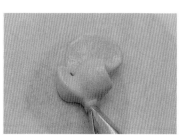

05 在第一片花瓣左側擠出拱形，為第三片花瓣。

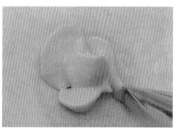

06 最後，在第一片花瓣右側擠出拱形（為第四片花瓣），產生包覆感即可。

玫瑰花

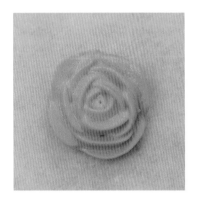

材料 & 工具
Materials & Tools

顏色 橘色（花瓣）
Color

器具 #57S 花嘴、花釘、油紙、擠花袋、轉接頭
Appliance

步驟說明
Step By Step

01 在花釘中心擠一點橘色糖霜。

02 將方型油紙放置在花釘上，並用手按壓固定。

03 花釘順時針轉動，花嘴尖端往圓心靠，擠出三角錐形。

04 重複步驟 3，往上疊加成圓錐體，即完成底座。

05 將花嘴尖端朝上，並以 12 點鐘方向放在底座上擠出糖霜。

06 承步驟 5，將花釘順時針轉、花嘴順時針繼續擠出糖霜，以製作玫瑰花心。

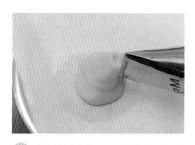

07 將花嘴以 12 點鐘方向放在花心側邊。

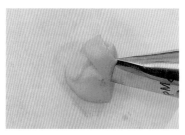

08 承步驟 7，將花釘順時針轉、花嘴順時針擠出一個倒 U 拱形。

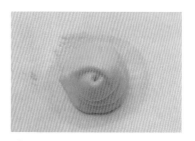

09 如圖，第一片花瓣完成。

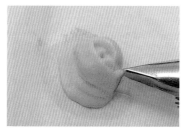

10 將花嘴以 12 點鐘方向放在第一片花瓣對側。

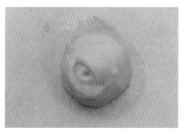

11 承步驟 10，將花釘順時針轉、花嘴順時針擠出一個倒 U 拱形，即完成第一層花瓣。

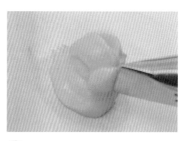

12 將花嘴以 12 點鐘方向放在第一層花瓣交界處。

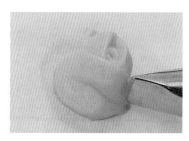

13 將花釘順時針轉、花嘴順時針擠出一個倒 U 拱形。

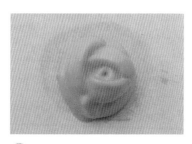

14 如圖，為第二層第一片花瓣。

15 重複步驟 13-14，完成兩片花瓣，使三片花瓣連接為一個三角形。

16 如圖，第二層花瓣完成。

17 製作第三層花瓣，將花嘴以 11 點鐘方向，放在前一層花瓣交界處，並擠出倒 U 拱形。

18 重複步驟 17，將花釘順時針轉、花嘴順時針擠出一個倒 U 拱形。

19 重複步驟 17-18，完成第三層花瓣。

20 如圖，第三層花瓣完成。

21 製作最外層花瓣，將花嘴以 10 點鐘方向，放在前一層花瓣交界處，並擠出倒 U 拱形。

22 重複步驟 21，將花釘順時針轉、花嘴順時針擠出一個倒 U 拱形。（註：花嘴角度外傾 10 點鐘方向，以展現花瓣盛開感。）

23 重複步驟 21-22，完成最外層花瓣。

24 最後，將玫瑰連同油紙從花釘上取下後，放乾定型即可。

枝葉、藤蔓
製作及組合

材料 & 工具
Materials Tools

顏色 咖啡色（樹枝）、綠色（葉子）
Color

器具 #57S 花嘴、#ST50 花嘴、#3 花嘴、花釘、
Appliance 花座、油紙、擠花袋、盤子

步驟說明 Step By Step

01 以咖啡色糖霜（#3 花嘴）在盤子下方擠出橫線。

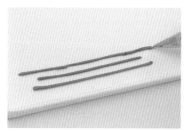

02 重複步驟 1，依序擠出橫線。（註：線條長度可不一致。）

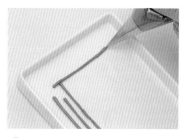

03 將盤子轉向，以咖啡色糖霜在盤子上方擠出橫線。

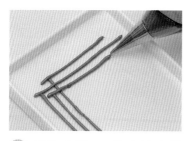

04 重複步驟 3，依序擠出橫線。

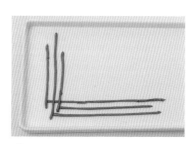

05 如圖，樹枝完成。

06 在玫瑰背面擠一點糖霜。

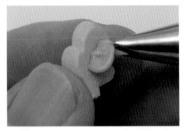

07 將玫瑰放在樹枝交界處，為主花。

08 重複步驟 6-7，依序擺放玫瑰，形成三角形結構。

09 在玫瑰花苞背面擠一點糖霜。

10 將玫瑰花苞放在玫瑰側邊。

11 重複步驟 9-10，依序完成玫瑰花苞的擺放。

12 重複步驟 9-10，玫瑰花苞擺放完成。

13 以綠色糖霜（#ST50 花嘴）在玫瑰間隙向上擠出葉形。

14 重複步驟 13，依序擠出葉形，以填補玫瑰間隙。

15 最後，重複步驟 13，在樹枝上擠出葉形，即完成枝葉、藤蔓製作及組合。

茶花組合

茶花

材料 & 工具
Materials Tools

顏色 黃色（花蕊）、粉紅色（花瓣）
Color

器具 #57S 花嘴、#2 花嘴、花釘、花座、油紙、
Appliance 擠花袋、轉接頭

步驟說明
Step By Step

① 以 #57S 在花釘中心擠一
點粉紅色糖霜。

② 將方型油紙放置在花釘上，
並用手按壓固定。

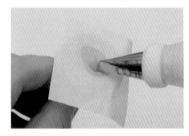

③ 花嘴尖端朝 11 點，放置 3
點位置，花嘴尖端往圓心
靠，花釘逆時針轉動，擠
出三角錐形。

④ 重複步驟 3，繼續往上疊
加成圓錐體，即完成底座。

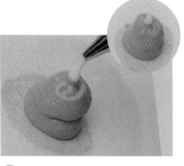

⑤ 將 #2 花嘴垂直在底座上，
往上拉出花蕊。

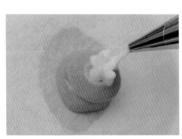

⑥ 重複步驟 5，依序擠出花
蕊。

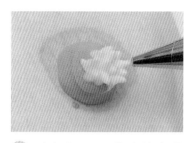

07 重複步驟 5，依序擠出花蕊，直到補滿底座尖端。

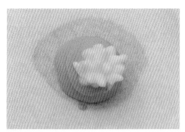

08 如圖，花蕊完成。

09 花嘴尖端朝 11 點放置 3 點在花蕊側邊。

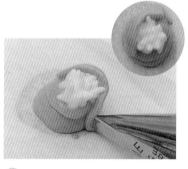

10 承步驟 9，將花釘逆時針轉、花嘴順時針擠出一個倒 U 拱形。

11 將花嘴以 11 點鐘方向放在第一片花瓣對側。

12 承步驟 11，將花釘逆時針轉、花嘴由 3 點朝 5 點方向帶，擠出倒 U 形，完成第二片花瓣。

13 重複步驟 9-10，完成第一層花瓣。

14 將花嘴尖端朝 12 點方向放在第一層花瓣交界處。

15 將花釘逆時針轉、花嘴由 3 點朝 5 點方向帶，擠出倒 U 形。

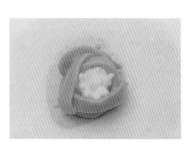

(16) 如圖,第二層第一片花瓣完成。

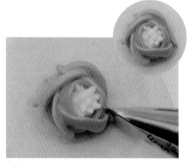

(17) 重複步驟 14-15,完成第二層花瓣。

(18) 製作第三層花瓣,將花嘴以 1 點鐘方向,放在前一層花瓣交界處,擠出倒 U 拱形。

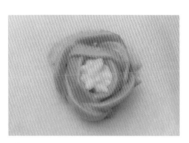

(19) 重複步驟 18,將花釘逆時針轉、花嘴由 3 點朝 5 點方向帶,擠出倒 U 形。

(20) 重複步驟 18-19,完成第三層花瓣。

(21) 製作最外層花瓣,將花嘴以 2 點鐘方向,放在前一層花瓣交界處。

(22) 承步驟 21,將花釘逆時針轉、花嘴由 3 點朝 5 點方向帶,擠出倒 U 形。(註:將花瓣補在交界處,可使花朵形狀更圓滿。)

(23) 重複步驟 21-22,完成最外層花瓣。

(24) 最後,將茶花連同油紙從花釘上取下後,放乾定型即可。

枝葉、藤蔓
製作及組合

材料 & 工具
Materials Tools

顏色　綠色（藤蔓、葉子、花苞）、黃色（花苞）
Color

器具　#57S 花嘴、#ST50 花嘴、#3 花嘴、花釘、花座、
Appliance　油紙、擠花袋、盤子

步驟說明
Step By Step

01 以綠色糖霜（#3 花嘴）在盤子中間擠出 S 形線條。

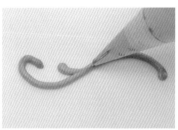

02 以綠色糖霜在 S 形線條上側擠出弧線形。

03 重複步驟 2，依序擠出上側弧線形。

04 重複步驟 2，擠出下側弧線形。

05 如圖，一側藤蔓完成。

06 將盤子轉向，重複步驟 1-5，完成另一側藤蔓。

⑦ 如圖，藤蔓完成。

⑧ 在茶花背面擠一點糖霜。

⑨ 將茶花放在藤蔓交界處，為主花。

⑩ 重複步驟 8-9，依序擺放茶花，形成三角形結構。

⑪ 以綠色糖霜（#3 花嘴）在茶花右側間隙擠出小花苞。

⑫ 以綠色糖霜（#ST50 花嘴）在茶花側邊擠出葉形，並延伸為枝葉。

⑬ 以綠色糖霜在茶花側邊擠出葉形，以填補空隙。

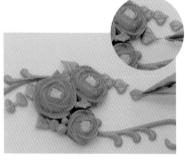

⑭ 重複步驟 11-13，擠出小花苞及葉形。（註：可依個人喜好調整葉子及小花苞的數量。）

⑮ 最後，以黃色糖霜（#2 花嘴）在小花苞上方擠出顏色，依序完成花苞製作即可。

作品原寸比例大小

| Proportional Size |

單位：公分

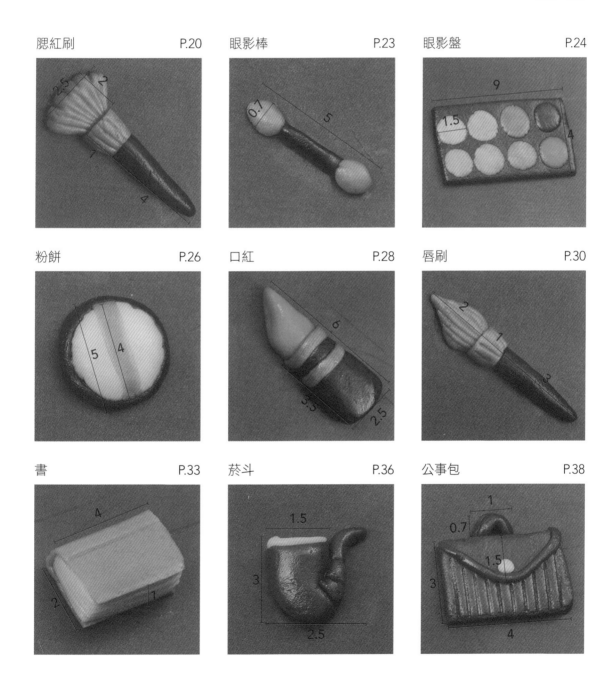

腮紅刷　　　P.20

眼影棒　　　P.23

眼影盤　　　P.24

粉餅　　　　P.26

口紅　　　　P.28

唇刷　　　　P.30

書　　　　　P.33

菸斗　　　　P.36

公事包　　　P.38

鋼筆　P.40

咖啡杯　P.42

砧板　P.45

平底鍋　P.48

菜刀　P.50

小紅帽　P.53

大野狼　P.58

柴犬哥哥　P.64

柴犬妹妹　P.70

柴犬爸爸　P.73

柴犬媽媽　P.76

青蛙　P.81

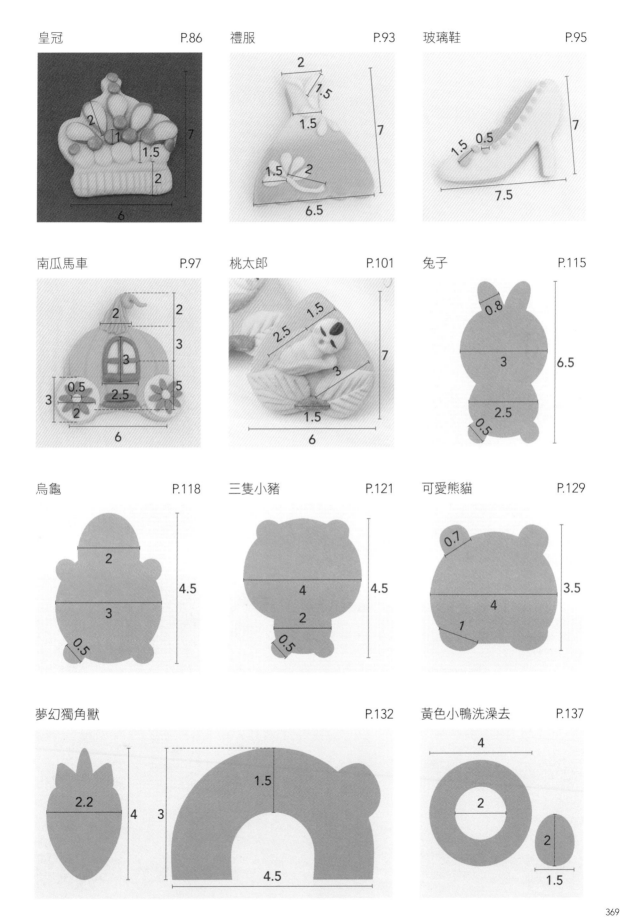

皇冠　　　　　　P.86
禮服　　　　　　P.93
玻璃鞋　　　　　P.95

南瓜馬車　　　　P.97
桃太郎　　　　　P.101
兔子　　　　　　P.115

烏龜　　　　　　P.118
三隻小豬　　　　P.121
可愛熊貓　　　　P.129

夢幻獨角獸　　　　　　　　　　　　　　　P.132
黃色小鴨洗澡去　　　P.137

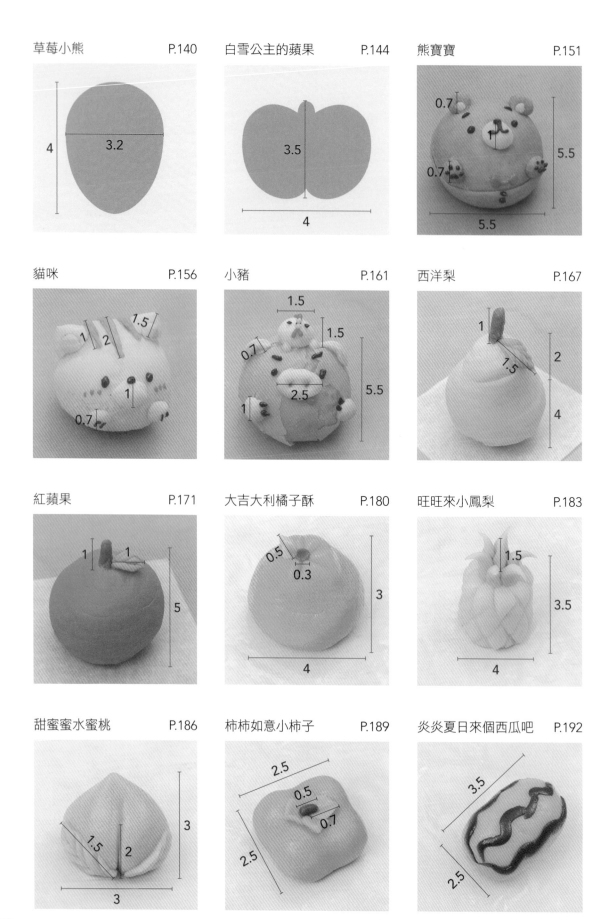

草莓小熊　　　　　P.140

4
3.2

白雪公主的蘋果　　P.144

3.5
4

熊寶寶　　　　　　P.151

0.7
0.7
5.5
5.5

貓咪　　　　　　　P.156

1.5
1
2
1
0.7

小豬　　　　　　　P.161

1.5
0.7
1.5
2.5
1
5.5

西洋梨　　　　　　P.167

1
1.5
2
4

紅蘋果　　　　　　P.171

1
1
5

大吉大利橘子酥　　P.180

0.5
0.3
3
4

旺旺來小鳳梨　　　P.183

1.5
3.5
4

甜蜜蜜水蜜桃　　　P.186

1.5
2
3
3

柿柿如意小柿子　　P.189

2.5
0.5
0.7
2.5

炎炎夏日來個西瓜吧　P.192

3.5
2.5

370

棕紋狗　　　　　　P.201

斑點狗　　　　　　P.203

橘斑狗　　　　　　P.206

貓咪酥　　　　　　P.209

小豬酥　　　　　　P.214

公雞酥　　　　　　P.217

黑熊酥　　　　　　P.220

小花貓　　　　　　P.226

小白兔　　　　　　P.241

企鵝　　　　　　　P.231

粉紅豬 P.235

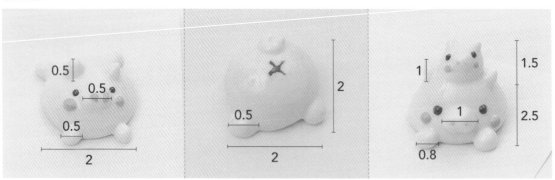

北極熊 P.244

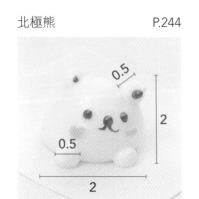

貓掌 P.250

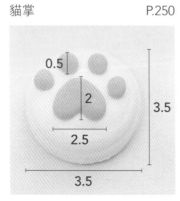

小老虎 P.252

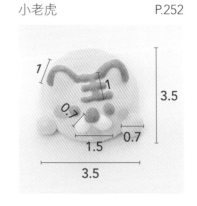

綿綿羊 P.256

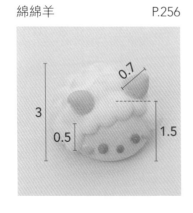

小海豹 P.262

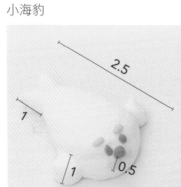

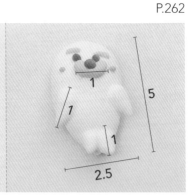

蜜蜂 P.259

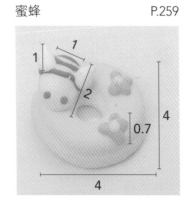

基礎手繪 P.269

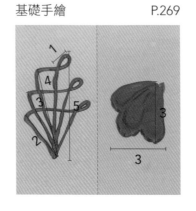

線條曲線 P.272

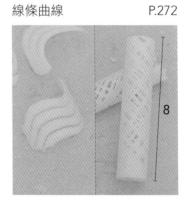

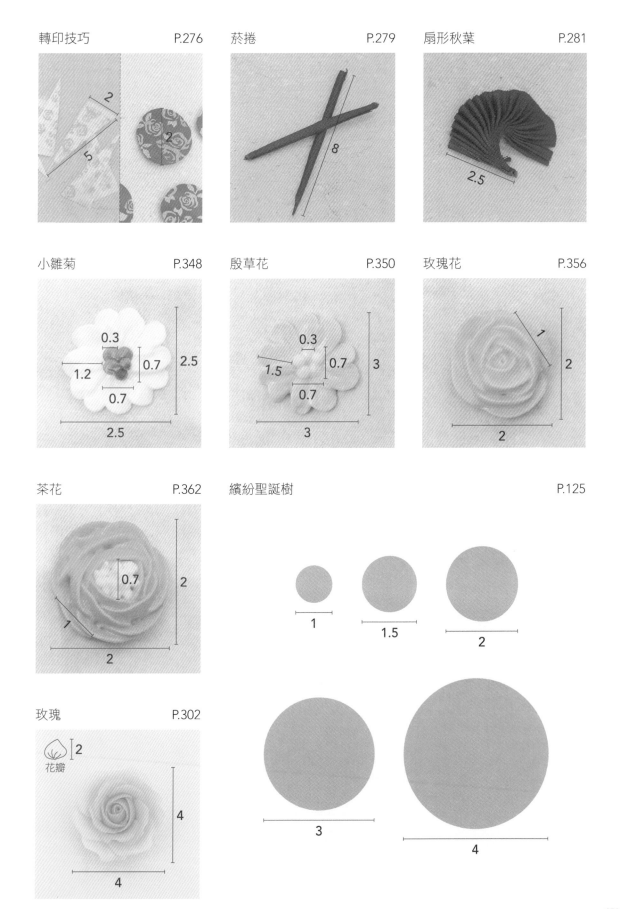

轉印技巧　　　　P.276

菸捲　　　　P.279

扇形秋葉　　　　P.281

小雛菊　　　　P.348

殷草花　　　　P.350

玫瑰花　　　　P.356

茶花　　　　P.362

繽紛聖誕樹　　　　P.125

玫瑰　　　　P.302

花瓣

梅花 P.285

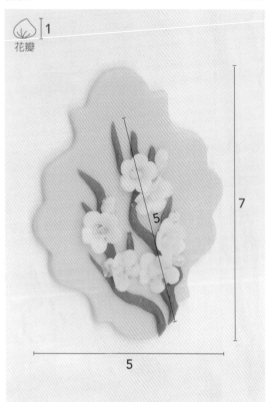

花瓣 1

7

5

5

繡球花 P.289

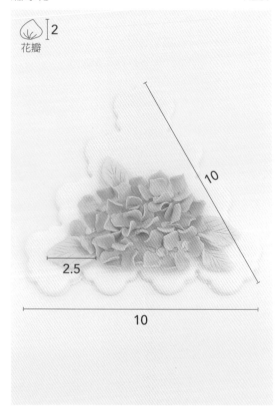

花瓣 2

10

2.5

10

康乃馨 P.293

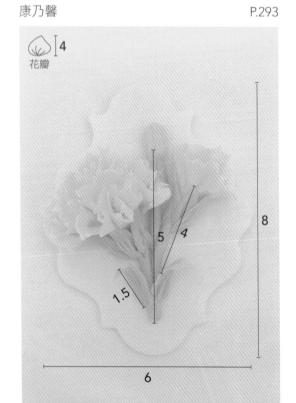

花瓣 4

8

5 4

1.5

6

三色菫 P.297

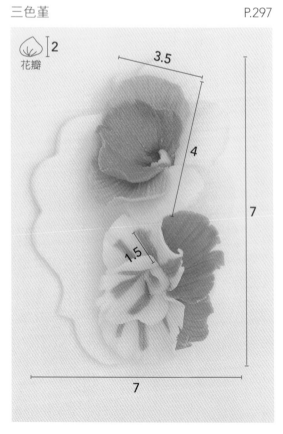

花瓣 2

3.5

4

7

1.5

7

美人魚　　　　　　　　　　　　P.307　小魔女　　　　　　　　　　　　P.329

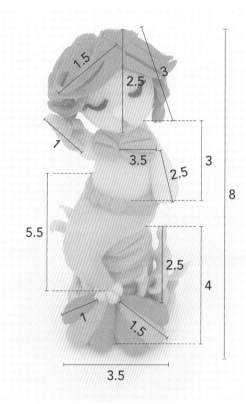

聖誕老人　　　　　　　　P.323　小木偶　　　　　　　　P.315　熊布偶　　　　　　　　P.338

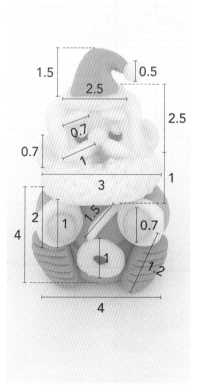

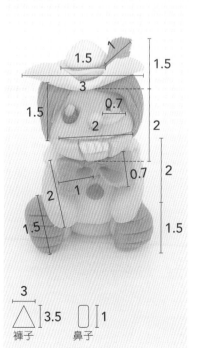

3
△ ∣3.5　▢ ∣1
褲子　　鼻子

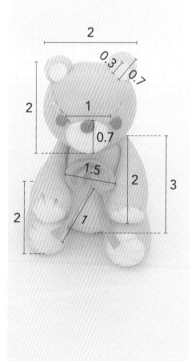

造型甜點
技法BOOK

| Modeling Dessert Technique Book |

·日常烘焙玩創意ㄨ初學輕鬆做·

書　　名　造型甜點技法 BOOK：
　　　　　日常烘焙玩創意 x 初學輕鬆做
作　　者　林鴻恩
發 行 人　程安琪
總 策 劃　程顯灝
總 企 劃　盧美娜
主　　編　譽緻國際美學企業社・莊旻嬪
實 習 編 輯　譽緻國際美學企業社・陳文婷
美　　編　譽緻國際美學企業社・羅光宇
攝 影 師　吳曜宇

藝 文 空 間　三友藝文複合空間
地　　址　106 台北市安和路 2 段 213 號 9 樓
電　　話　（02）2377-1163

發 行 部　侯莉莉
出 版 者　橘子文化事業有限公司
總 代 理　三友圖書有限公司
地　　址　106 台北市安和路 2 段 213 號 4 樓
電　　話　（02）2377-4155
傳　　真　（02）2377-4355
E - m a i l　service @sanyau.com.tw
郵 政 劃 撥　05844889 三友圖書有限公司

總 經 銷　大和書報圖書股份有限公司
地　　址　新北市新莊區五工五路 2 號
電　　話　（02）8990-2588
傳　　真　（02）2299-7900

初　版　2020 年 01 月
定　價　新臺幣 580 元
ISBN　978-986-364-155-1（平裝）

國家圖書館出版品預行編目（CIP）資料

造型甜點技法BOOK：日常烘焙玩創意x初學輕鬆
做 / 林鴻恩作.-- 初版.-- 臺北市：橘子文化, 2020.01
面；　公分
ISBN 978-986-364-155-1（平裝）

1.點心食譜

427.16　　　　　　　　　　　108019355

http://www.ju-zi.com.tw

三友官網　　三友 Line@